SCANNEN SIE DEN CODE, UM AUF IHRE KOSTENLOSE DIGITALE KOPIE ZUZUGREIFEN

SCAN ME

DIESES BUCH GEHÖRT

_____

INHALTSVERZEICHNIS

LAPPEN UND LÄPPCHEN DES GEHIRNS (SEITEN- UND OBERANSICHT)

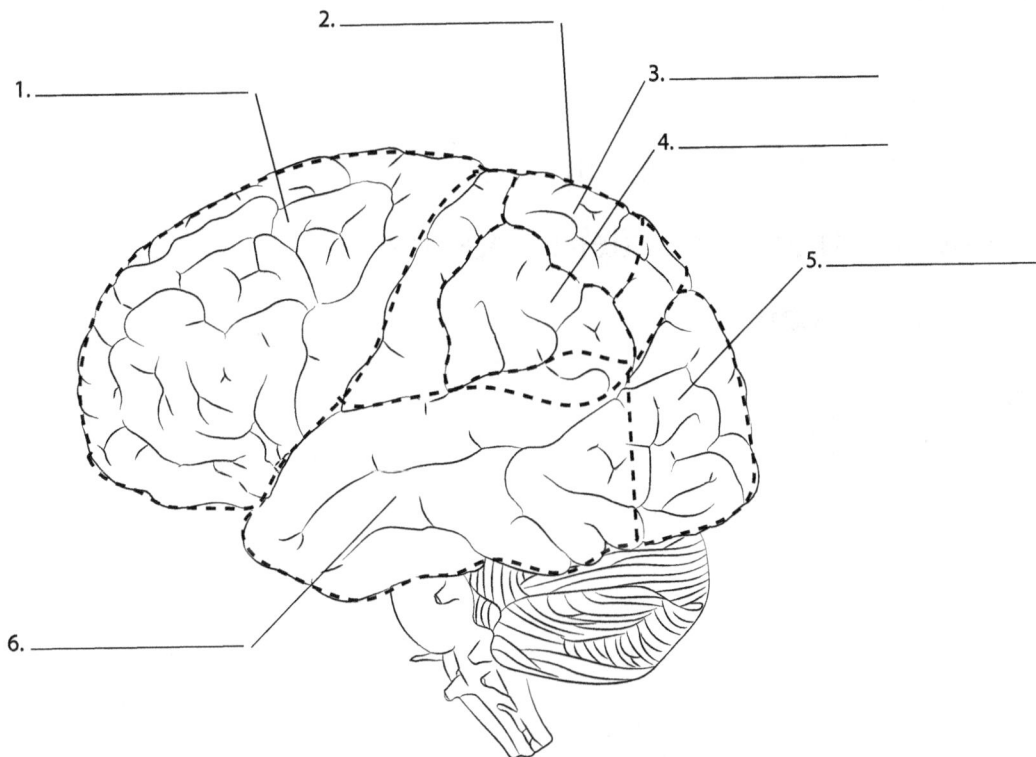

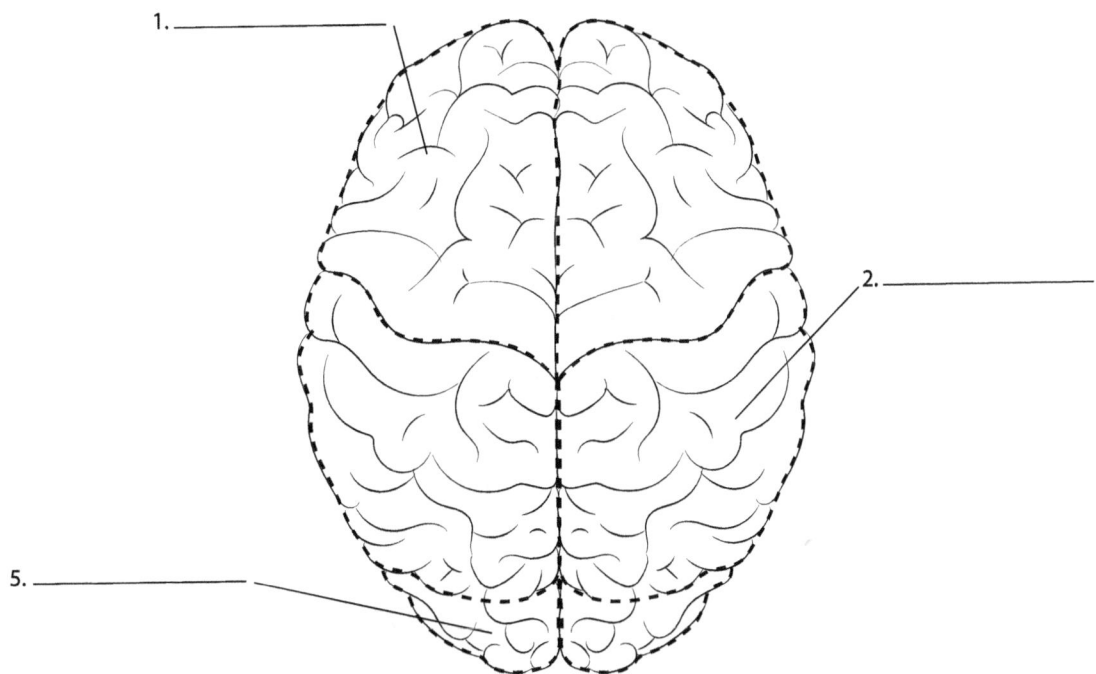

LAPPEN UND LÄPPCHEN DES GEHIRNS (SEITENANSICHT)

1. Frontallappen
2. Parietallappen
3. Überlegener parietaler Läppchen
4. Minderwertiger parietaler Läppchen
5. Occipitallappen
6. Temporallappen

GYRI UND SULCI DES MENSCHLICHEN GEHIRNS (SEITENANSICHT)

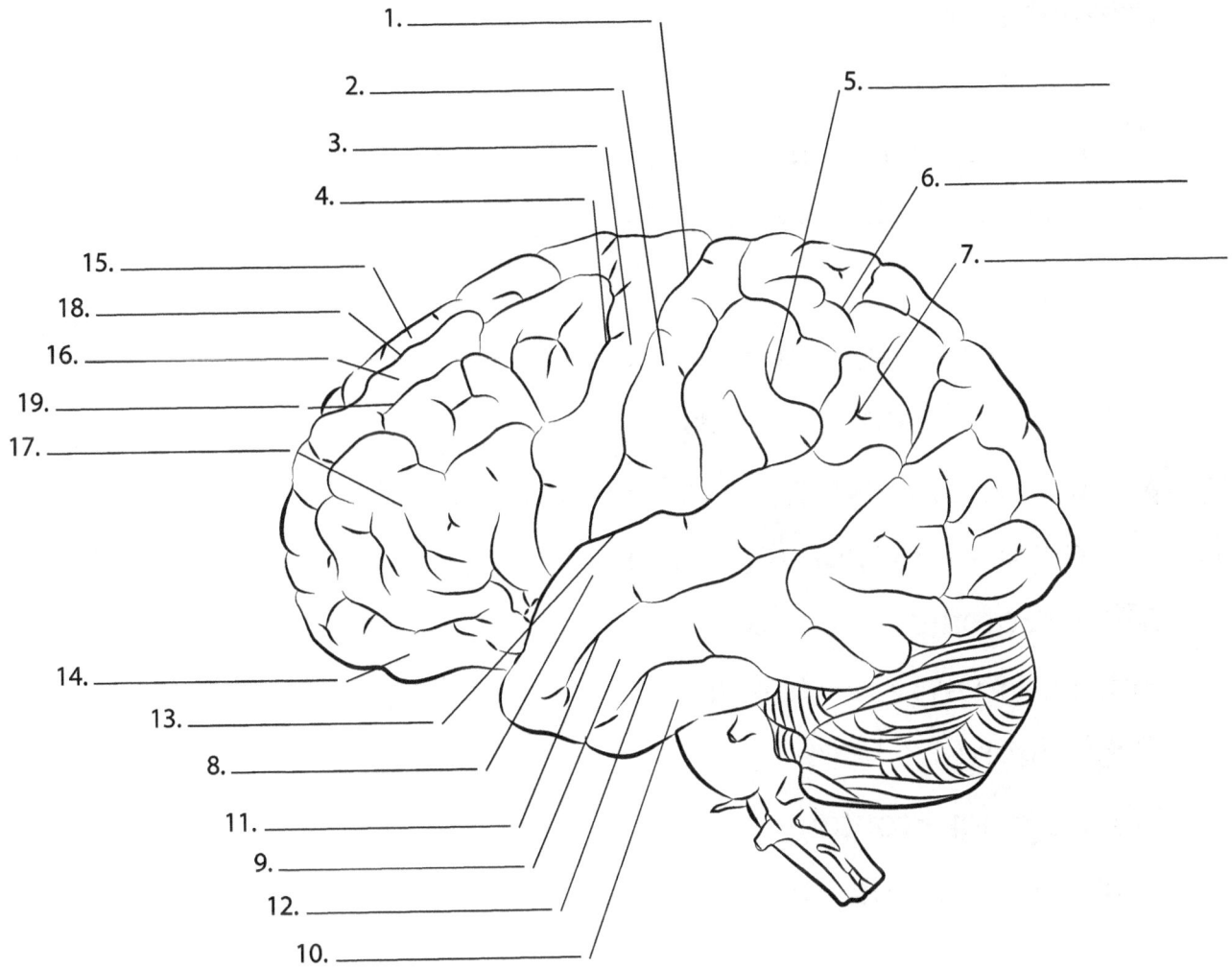

1. _____

2. _____

3. _____

4. _____

5. _____

6. _____

7. _____

15. _____

18. _____

16. _____

19. _____

17. _____

14. _____

13. _____

8. _____

11. _____

9. _____

12. _____

10. _____

GYRI UND SULCI DES MENSCHLICHEN GEHIRNS (SEITENANSICHT)

1. Zentraler Sulkus (Rolando)
2. Postzentraler Gyrus
3. Präzentraler Gyrus
4. Präzentraler Sulkus
5. Gyrus supramarginalis
6. Intraparietaler Sulkus
7. Winkelgyrus
8. Überlegener temporaler Gyrus
9. Mittlerer temporaler Gyrus
10. Minderwertiger temporaler Gyrus
11. Überlegener temporaler Sulkus
12. Mittlerer temporaler Sulcus
13. Seitlicher (Sylvian) Sulkus
14. Orbitalgyrus
15. Überlegener Frontalgyrus
16. Mittlerer Frontalgyrus
17. Minderwertiger Frontalgyrus
18. Überlegener frontaler Sulcus
19. Minderwertiger frontaler Sulcus

INFERIOR VIEW DES MENSCHLICHEN GEHIRNS

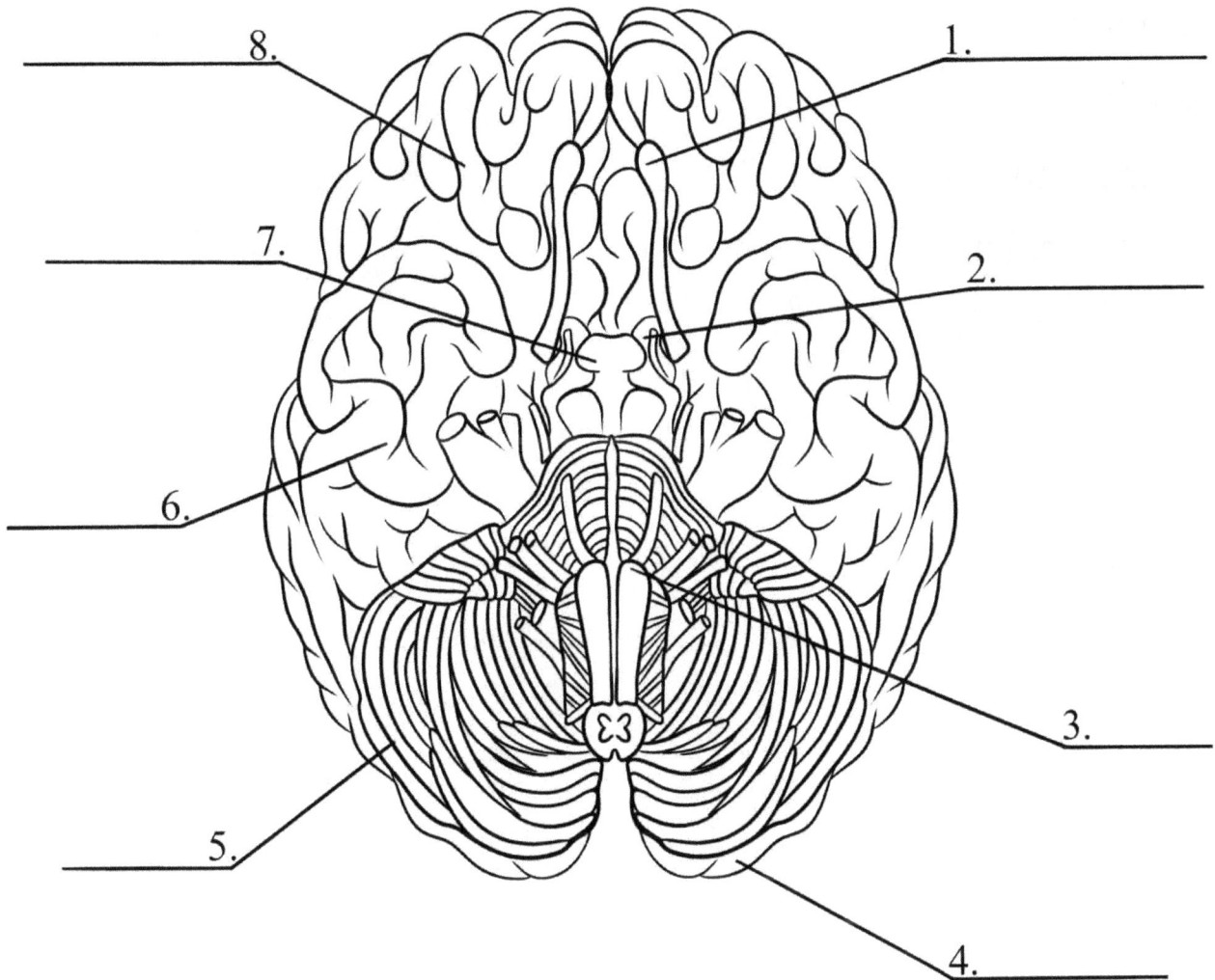

8.

1.

7.

2.

6.

3.

5.

4.

INFERIOR VIEW DES MENSCHLICHEN GEHIRNS

1. Riechkolben

2. Chiasmus der Optik

3. Hirnstamm

4. Hinterhauptlappen

5. Kleinhirn

6. Temporallappen

7. Infundibulum

8. Frontallappen

FUNKTIONSBEREICHE DES MENSCHLICHEN GEHIRNS (SEITENANSICHT)

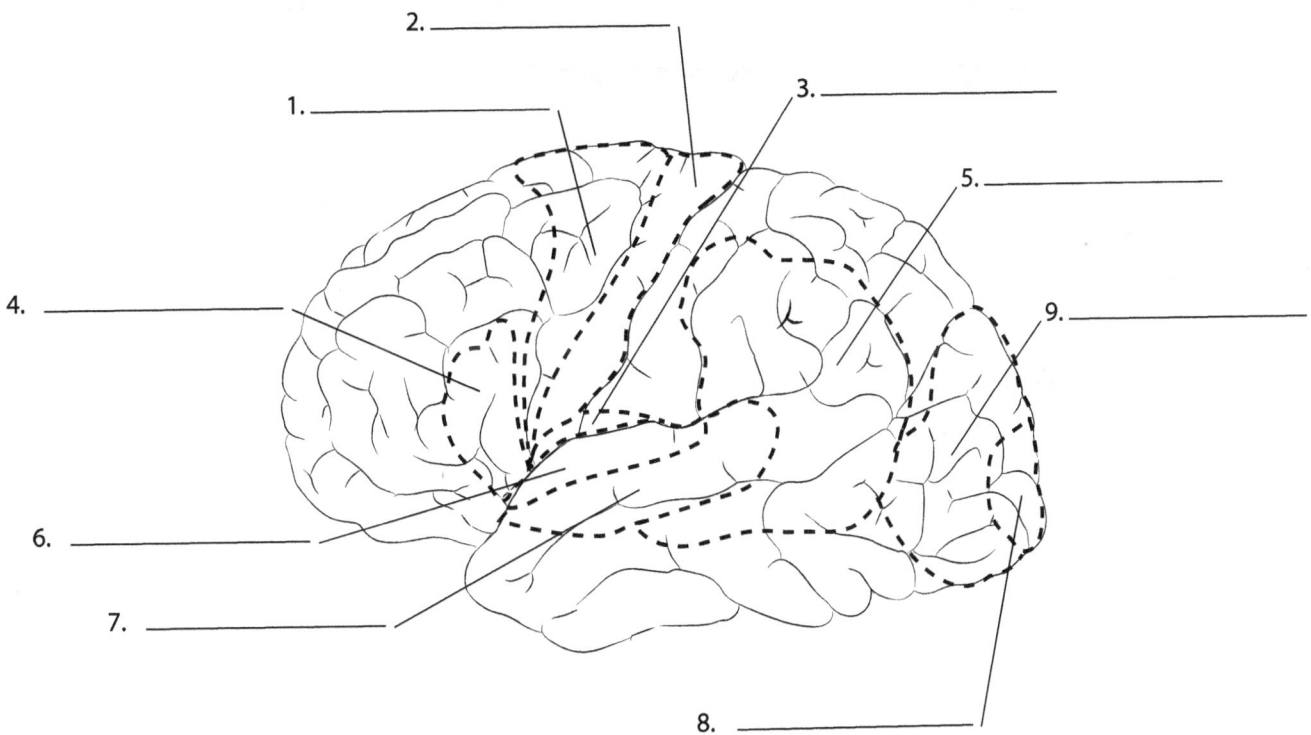

2. _____

1. _____

3. _____

5. _____

4. _____

9. _____

6. _____

7. _____

8. _____

FUNKTIONSBEREICHE DES MENSCHLICHEN GEHIRNS (SEITENANSICHT)

1. Primärmotorbereich

2. Primärer sensorischer Bereich

3. Sekundärer motorischer und sensorischer Bereich

4. Vorderer (motorischer) Sprachbereich (Broca-Bereich)

5. Hinterer (sensorischer) Sprachbereich (Wernickes Bereich)

6. Primärer Hörbereich

7. Sekundärer Hörbereich

8. Primärer visueller Bereich

9. Sekundärer visueller Bereich

SAGITTALSCHNITT DES MENSCHLICHEN GEHIRNS

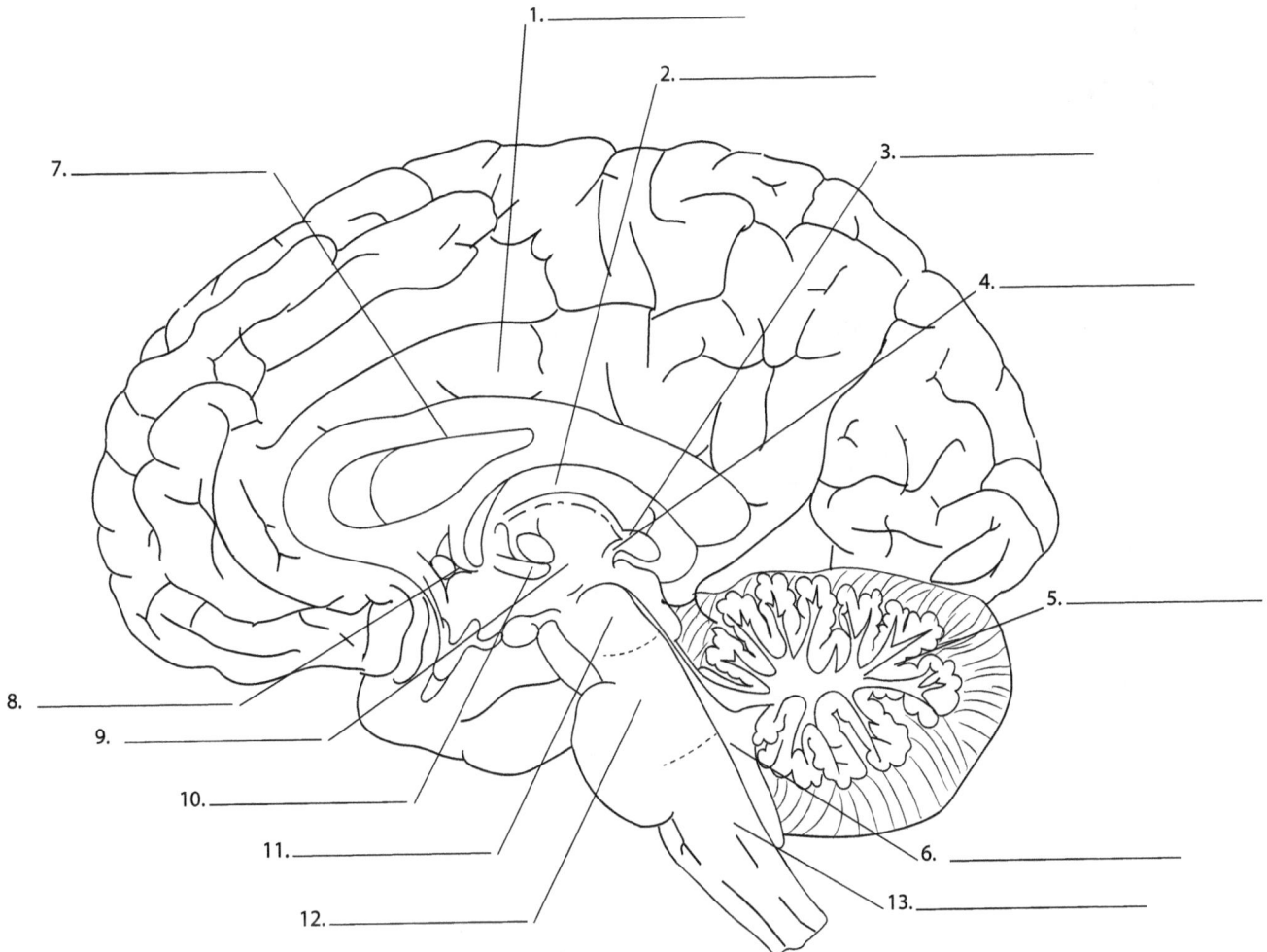

1. _____

2. _____

3. _____

4. _____

5. _____

6. _____

7. _____

8. _____

9. _____

10. _____

11. _____

12. _____

13. _____

SAGITTALSCHNITT DES MENSCHLICHEN GEHIRNS

1. Cingulierter Gyrus

2. Fornix

3. Zirbeldrüse

4. Hintere Kommissur

5. Kleinhirn

6. Vierter Ventrikel

7. Corpus callosum

8. Vordere Kommissur

9. Diencephalon

10. Hypothalamus Sulcus

11. Mittelhirn

12. Pons

13. Medulla oblongata

KORONALER ABSCHNITT DES MENSCHLICHEN GEHIRNS

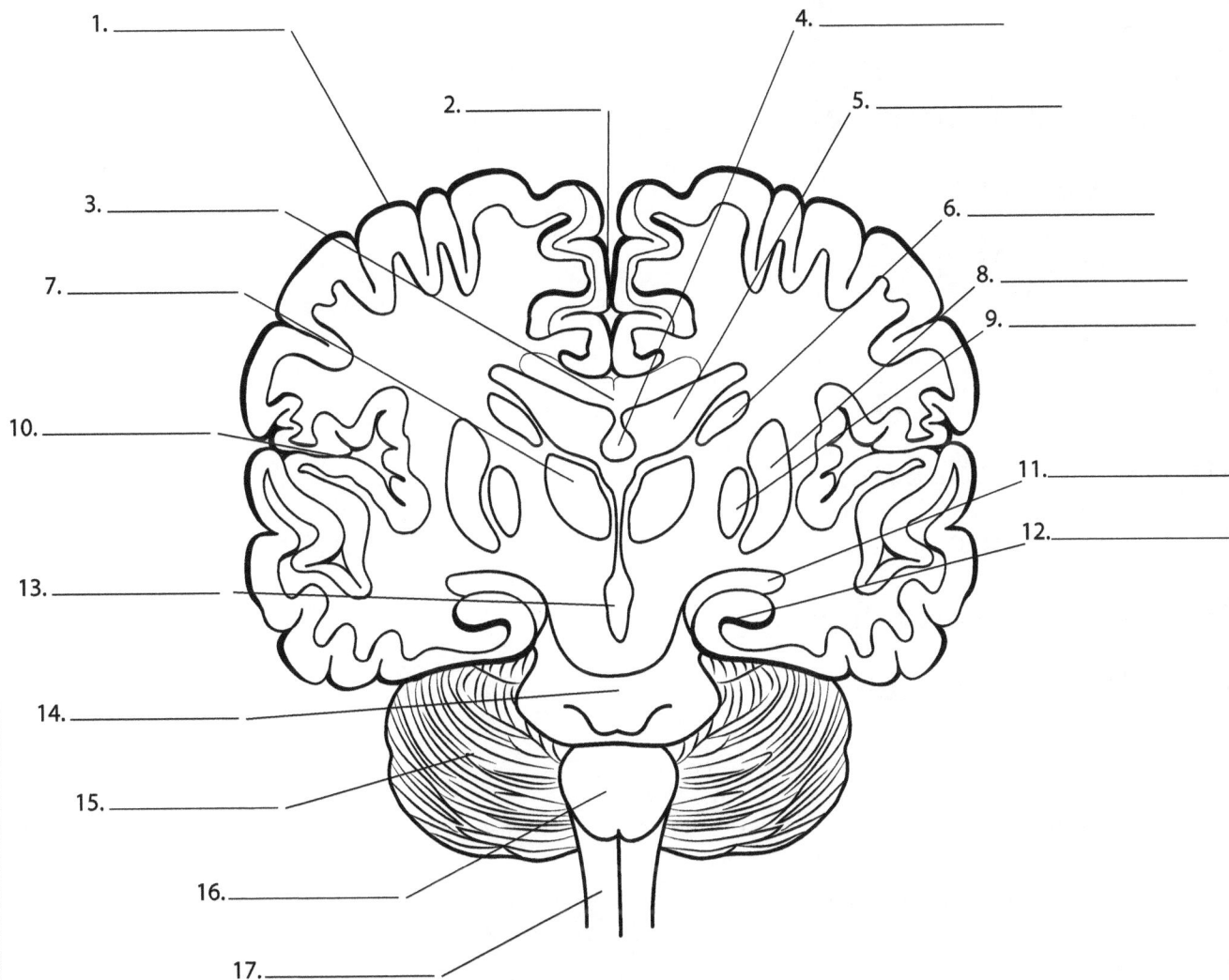

1. _____
2. _____
3. _____
4. _____
5. _____
6. _____
7. _____
8. _____
9. _____
10. _____
11. _____
12. _____
13. _____
14. _____
15. _____
16. _____
17. _____

KORONALER ABSCHNITT DES MENSCHLICHEN GEHIRNS

1. Zerebraler Kortex
2. Längsriss
3. Corpus callosum
4. Fornix
5. Seitlicher Ventrikel
6. Caudatkern
7. Thalamus
8. Putamen
9. Globus pallidus
10. Seitlicher Sulkus
11. Hippocampus
12. Gyrus hippocampus
13. Dritter Ventrikel
14. Pons
15. Kleinhirn
16. Medulla oblongata
17. Rückenmark

HIRNNERVEN

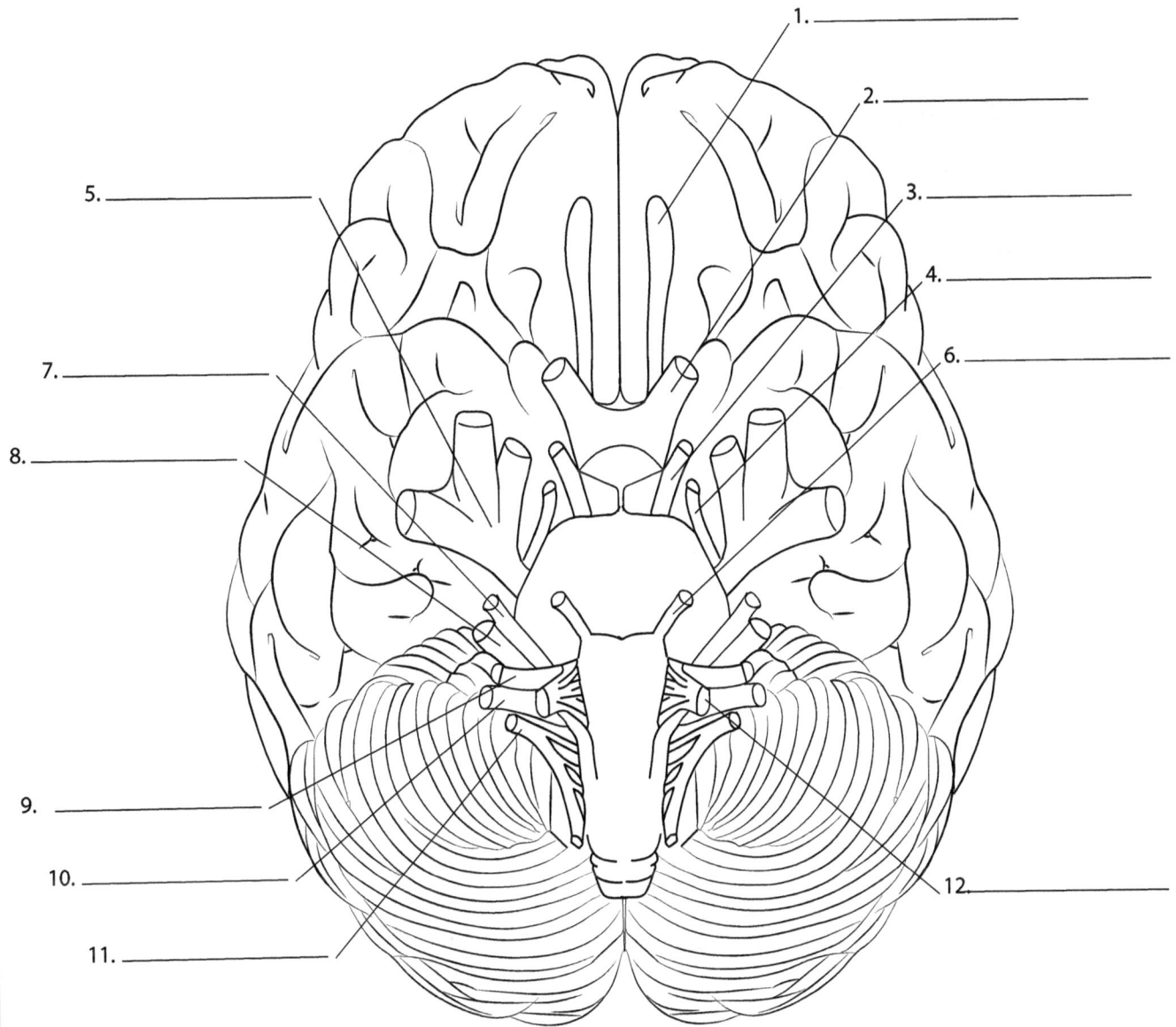

1. _____

2. _____

3. _____

4. _____

5. _____

6. _____

7. _____

8. _____

9. _____

10. _____

11. _____

12. _____

HIRNNERVEN

1. Olfaktorisch
2. Optik
3. Okulomotorisch
4. Trochlear
5. Trigeminus
6. Abducens
7. Gesichts
8. Vestibulocochlea
9. Glossopharyngeal
10. Vagus
11. Zubehörteil
12. Hypoglossal

QUERSCHNITT DES MITTELHIRNS

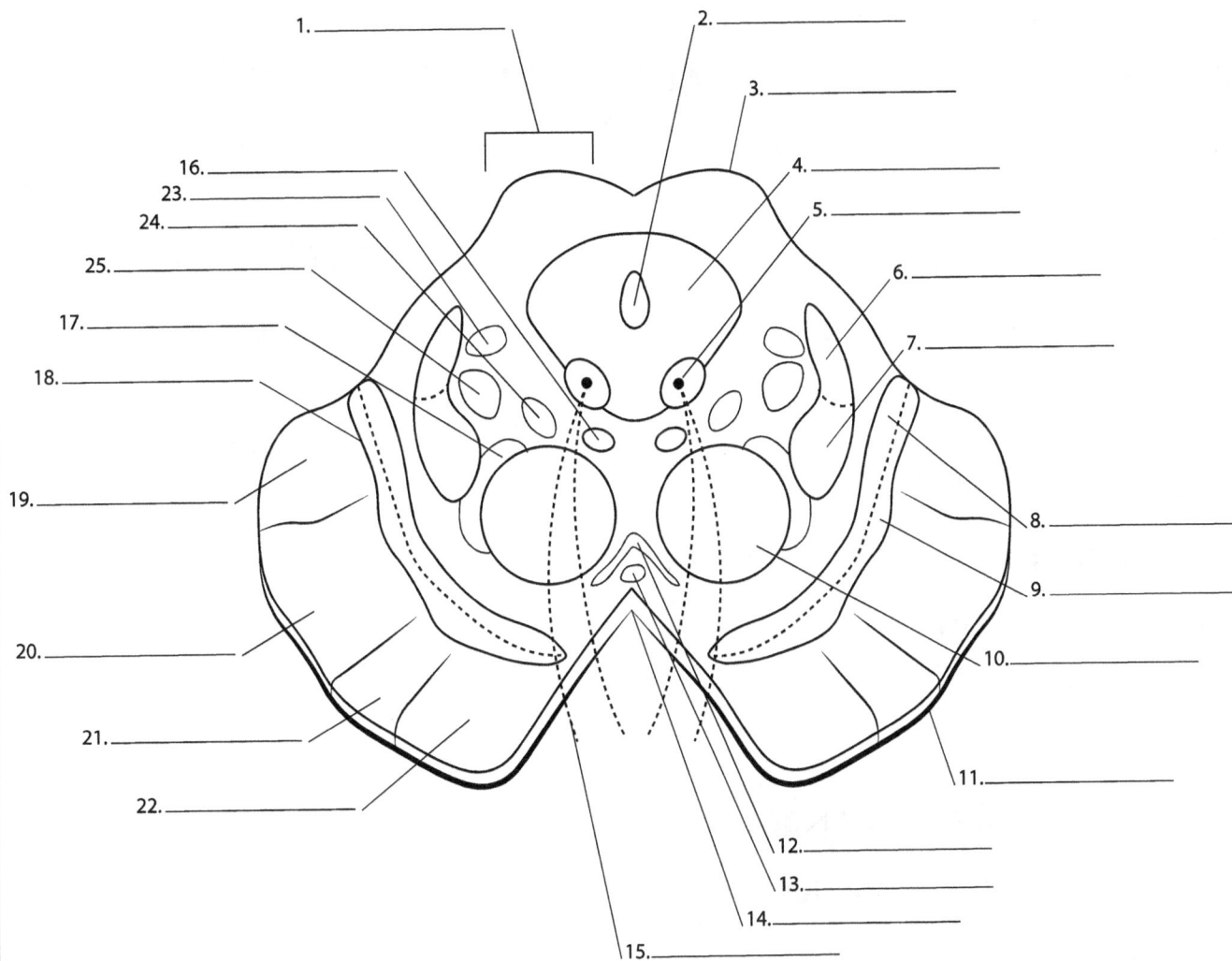

1. _____

2. _____

3. _____

4. _____

5. _____

6. _____

7. _____

8. _____

9. _____

10. _____

11. _____

12. _____

13. _____

14. _____

15. _____

16. _____

17. _____

18. _____

19. _____

20. _____

21. _____

22. _____

23. _____

24. _____

25. _____

QUERSCHNITT DES MITTELHIRNS

1. Tectum
2. Zerebrales Aquädukt
3. Überlegener Kollikulus
4. Periaquäduktales Grau (PAG)
5. Okulomotorischer Kern
6. Spinothalamus und Trigeminothalamus
7. Medialer Lemniscus
8. Pars compacta
9. Pars reticulata
10. Roter Kern
11. Crus cerebri
12. Vordere tegmentale Diskussion
13. Interpeduncularer Kern
14. Ventraler tegmentaler Bereich
15. Wurzelfasern des N. oculomotorius
16. Medialer Längsfasciculus
17. Cerebellothalamusfasern
18. Substantia nigra
19. Parieto-, Occipito-, Temporoponтinfasern
20. Kortikospinale Fasern
21. Kortikonukleare (kortikobulbäre) Fasern
22. Frontopontinfasern
23. Hintere Trigeminothalamusfasern
24. Zentraler Tegmentaltrakt
25. Vordere Trigeminothalamusfasern

QUERSCHNITT DER PONS (OBERER TEIL UND UNTERER TEIL)

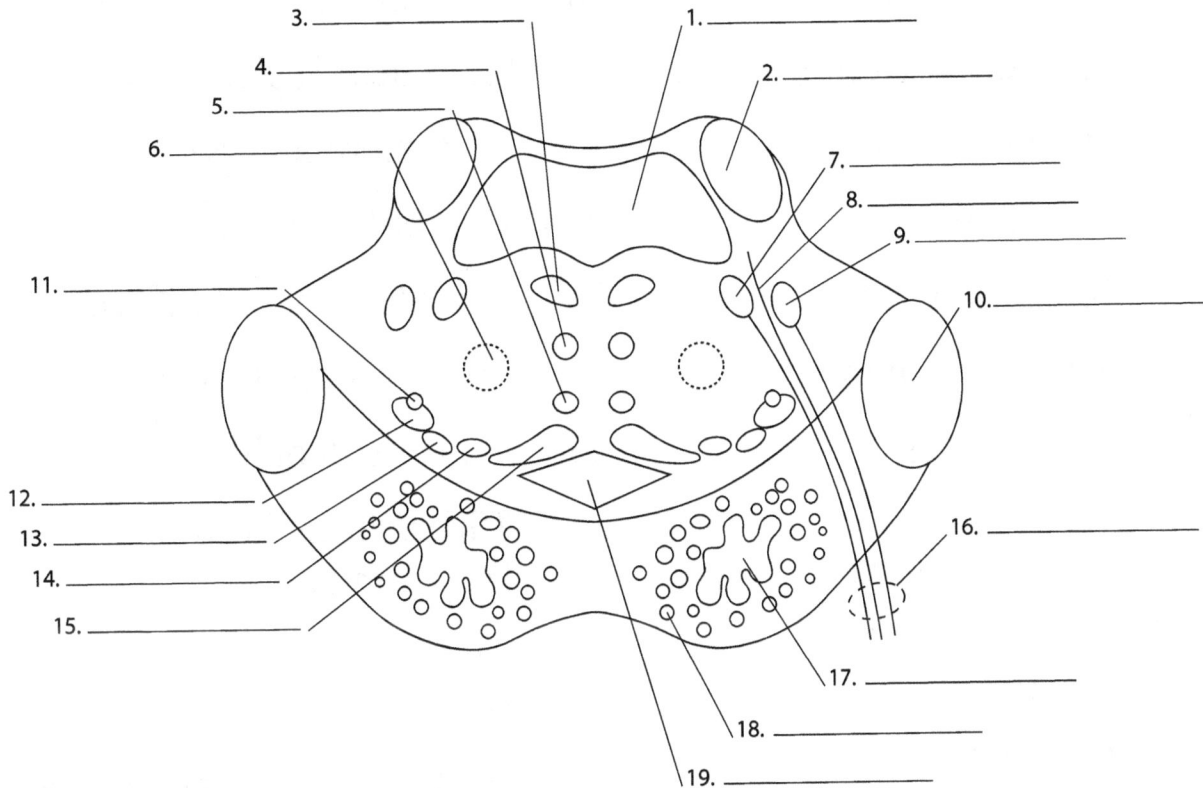

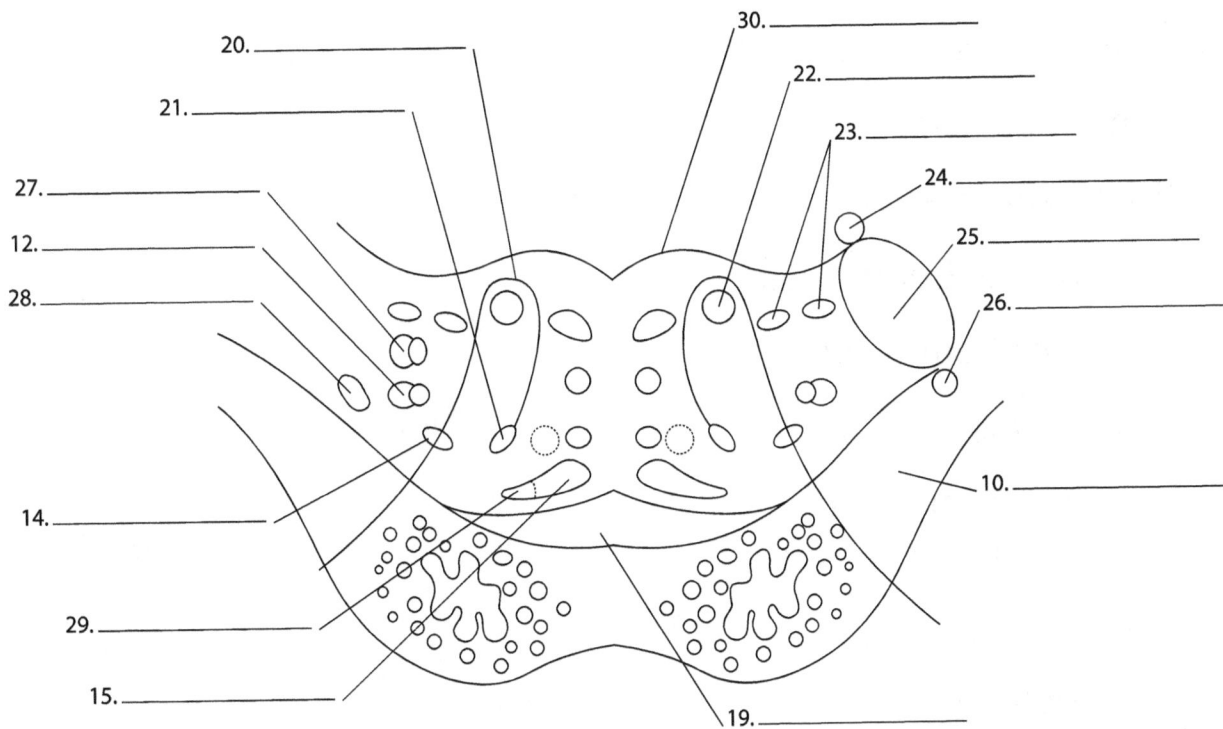

QUERSCHNITT DER PONS
(OBERER TEIL UND UNTERER TEIL)

1. Vierter Ventrikel
2. Überlegener Kleinhirnstiel
3. Mediales Längsbündel
4. Tektospinaltrakt
5. Rubrospinaltrakt
6. Zentraler Tegmentaltrakt
7. Motorkern des Trigeminusnervs
8. Mesencephalic Wurzel des Trigeminusnervs
9. Hauptsinnskern des Trigeminusnervs
10. Mittlerer Kleinhirnstiel
11. Überlegener Olivenkern
12. Seitlicher Lemniscus
13. Wirbelsäulen-Lemniscus
14. Trigeminus Lemniscus
15. Medialer Lemniscus
16. Trigeminus
17. Kortikospinale und kortikonukleare Fasern
18. Pontin-Kerne
19. Trapezkörper
20. Gesichtsnerv
21. Kern des Gesichtsnervs
22. Abduzierender Kern
23. Vestibuläre Kerne
24. Dorsaler Cochlea-Kern
25. Unterer Kleinhirnstiel
26. Ventraler Cochlea-Kern
27. Wirbelsäulenkern und Trigeminus
28. Ventraler spinocerebellärer Trakt
29. Vorderer spinothalamischer Trakt
30. Kollikulus im Gesicht

QUERSCHNITT DER MEDULLA (AUF DER EBENE DER OLIVE)

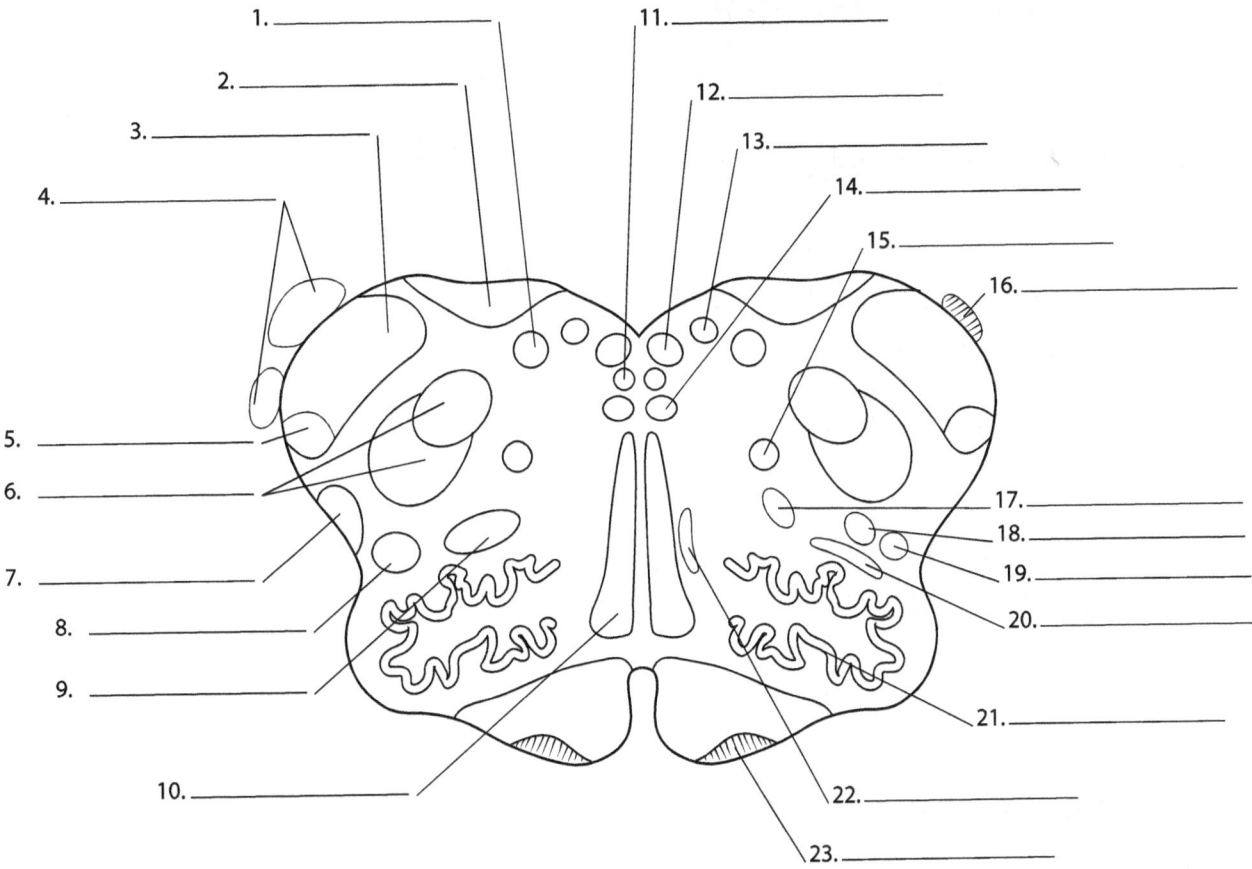

1. _____

2. _____

3. _____

4. _____

5. _____

6. _____

7. _____

8. _____

9. _____

10. _____

11. _____

12. _____

13. _____

14. _____

15. _____

16. _____

17. _____

18. _____

19. _____

20. _____

21. _____

22. _____

23. _____

QUERSCHNITT DER MEDULLA (AUF DER EBENE DER OLIVE)

1. Solitärer Traktkern
2. Vestibuläre Kerne
3. Minderwertiger Hirnstiel
4. Cochlea-Kerne
5. Dorsaler spinocerebellärer Trakt
6. Wirbelsäulenkern und Trakt des Trigeminusnervs
7. Ventraler spinocerebellärer Trakt
8. Seitlicher spinothalamischer und spinotektaler Trakt
9. Vorderer spinothalamischer Trakt
10. Medialer Lemniscus
11. Medialer Längsfasiculus
12. Hypoglossaler Kern
13. Dorsaler Vaguskern
14. Tektospinaltrakt
15. Nucleus Ambiguus
16. Pontobulbar Körper
17. Vestibulospinaltrakt

18. Lateraler retikulärer Kern
19. Rubrospinaltrakt
20. Dorsaler akzessorischer Olivenkern
21. Minderwertiger Olivenkern
22. Medialer akzessorischer Olivenkern
23. Bogenförmiger Kern

DER KREIS VON WILLIS

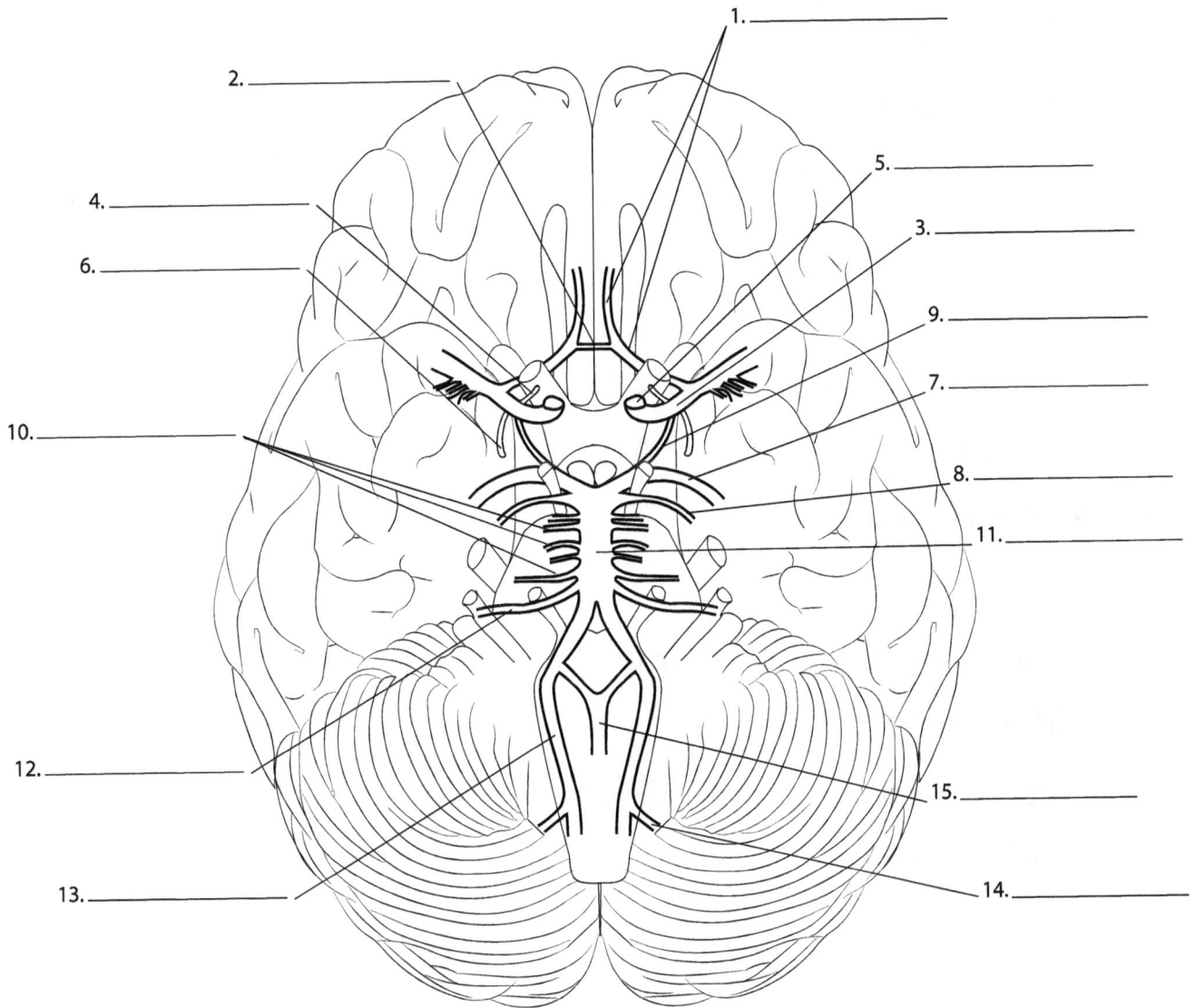

1. _____

2. _____

4. _____

6. _____

5. _____

3. _____

9. _____

7. _____

10. _____

8. _____

11. _____

12. _____

15. _____

13. _____

14. _____

DER KREIS VON WILLIS

1. Vordere Hirnarterie
2. Vordere kommunizierende Arterie
3. Mittlere zerebrale Arterie
4. Arteria ophtalmic
5. Arteria carotis interna
6. A. choroidalis anterior
7. A. cerebri posterior
8. Überlegene Kleinhirnarterie
9. Hintere kommunizierende Arterie
10. Pontinarterien
11. Arteria basilaris
12. Vordere untere Kleinhirnarterie
13. Wirbelarterie
14. A. cerebellaris posterior inferior
15. Arteria spinalis anterior

LIMBISCHES SYSTEM
(BASALGANGLIEN ENTFERNT)

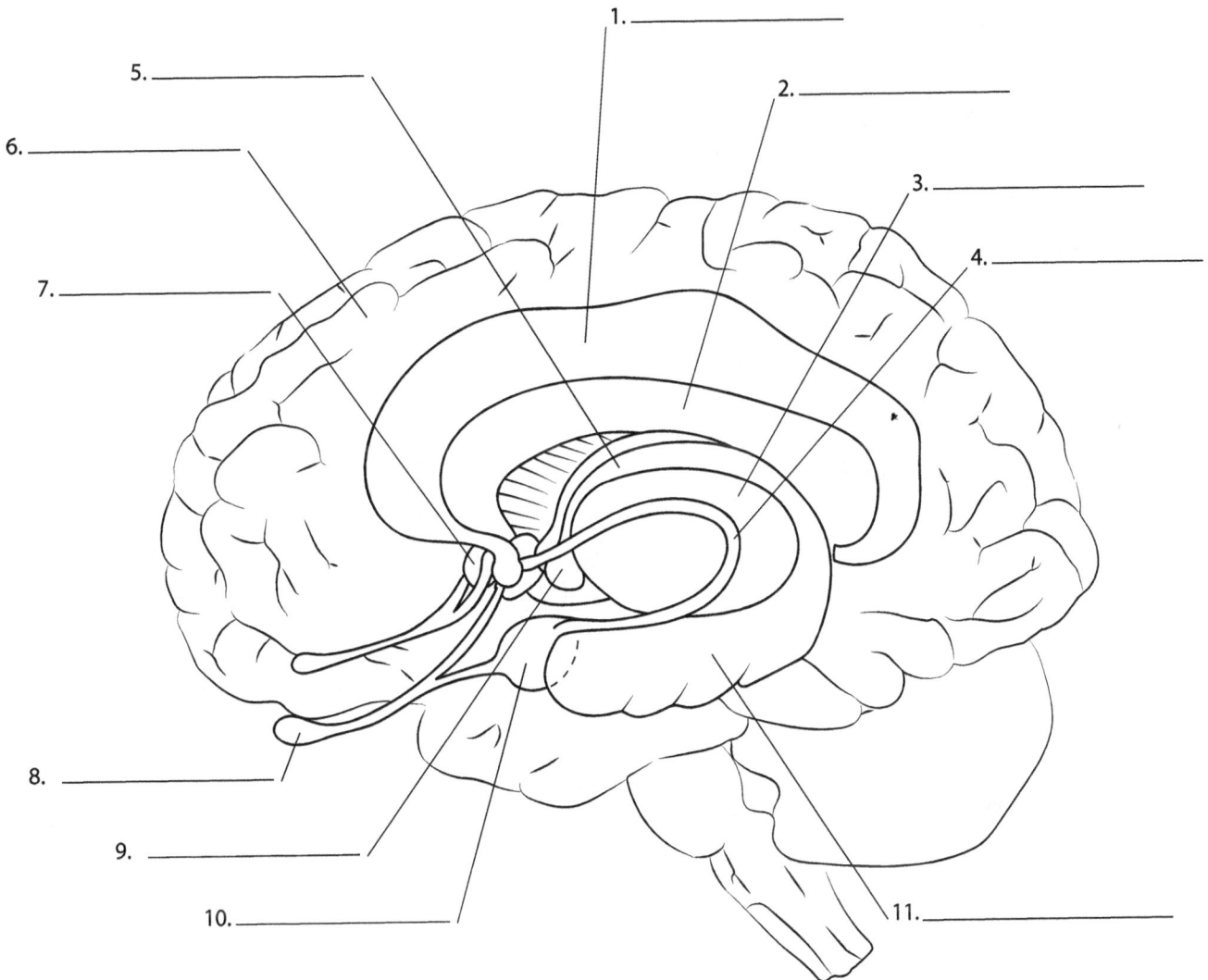

1. _____

2. _____

3. _____

4. _____

5. _____

6. _____

7. _____

8. _____

9. _____

10. _____

11. _____

LIMBISCHES SYSTEM (BASALGANGLIEN ENTFERNT)

1. Cingulierter Kortex
2. Corpus callosum
3. Thalamus
4. Stria terminalis
5. Fornix
6. Frontalcortex
7. Septum
8. Riechkolben
9. Mammillary Körper
10. Amygdala
11. Hippocampus

KORONALE ANSICHT (1)

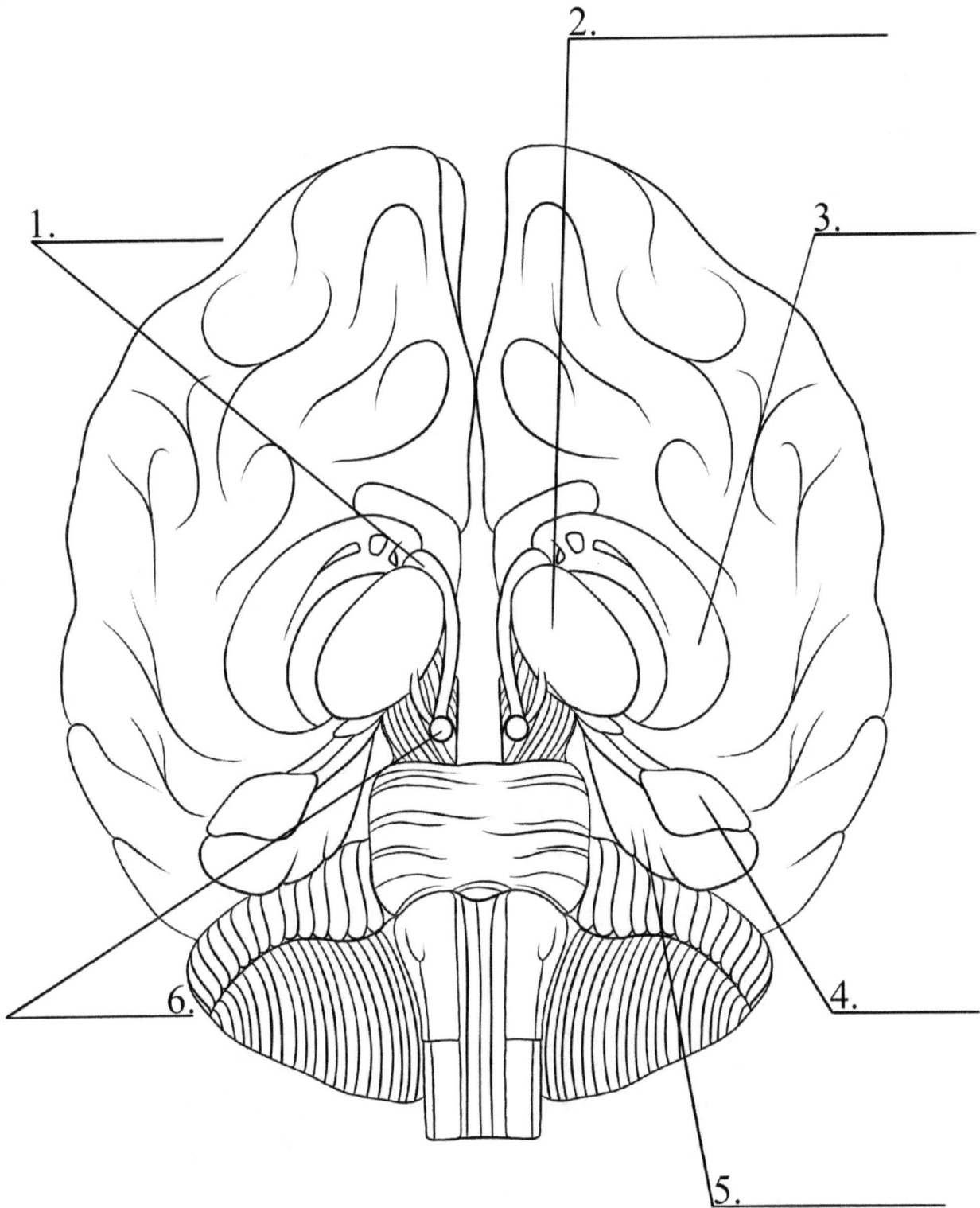

2.

1.

3.

6.

4.

5.

KORONALE ANSICHT (1)

1. Fornix
2. Thalamus
3. Putamen
4. Amygdala
5. Hippocampus
6. Brustkörper

KORONALE ANSICHT (2)

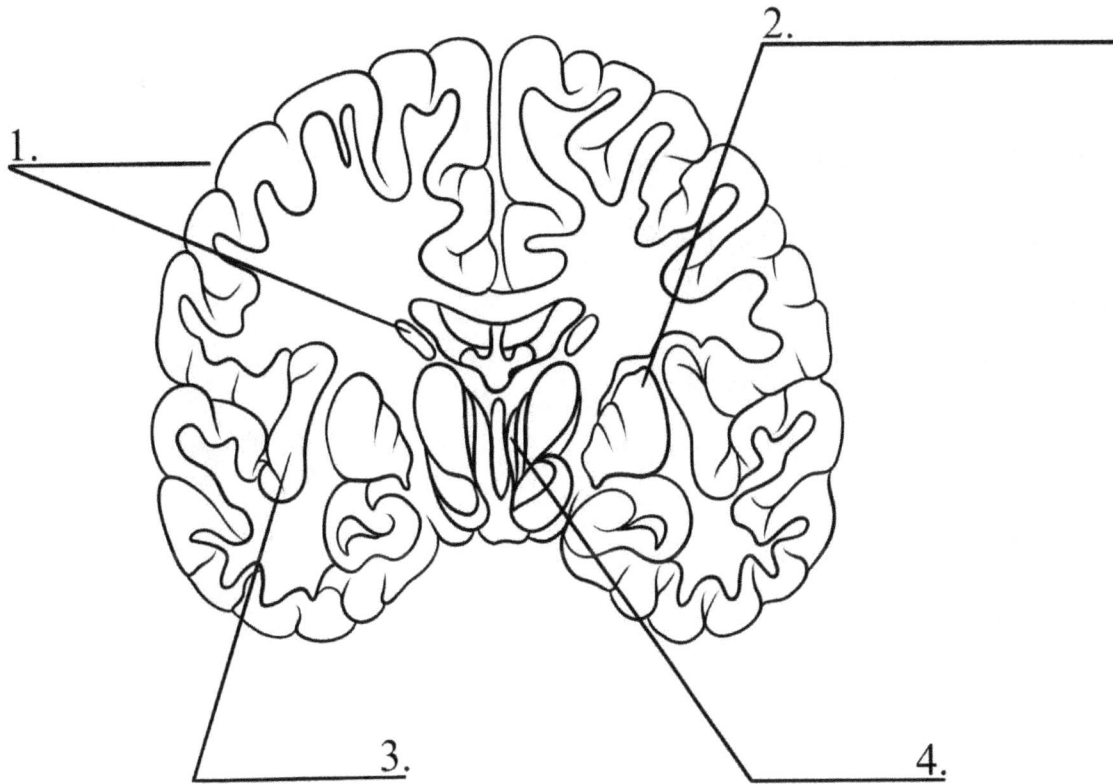

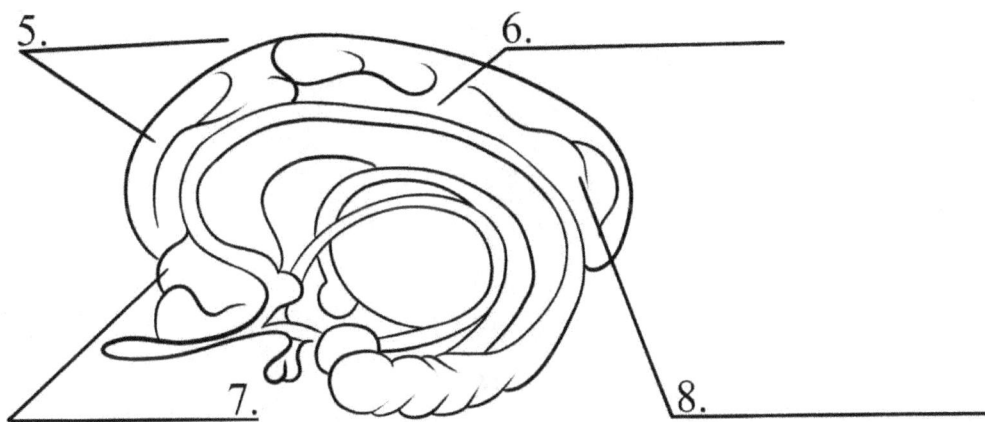

1. _____

2. _____

3. _____

4. _____

5. _____

6. _____

7. _____

8. _____

KORONALE ANSICHT (2)

1. Caudatkern

2. Putamen

3. Insula

4. Nucleus accumbens

5. Vorderer cingulierter Kortex

6. Mittlerer cingulierter Kortex

7. Subgenual anterior

8. Hinterer cingulierter Kortex

SCHUTZSTRUKTUREN DES GEHIRNS

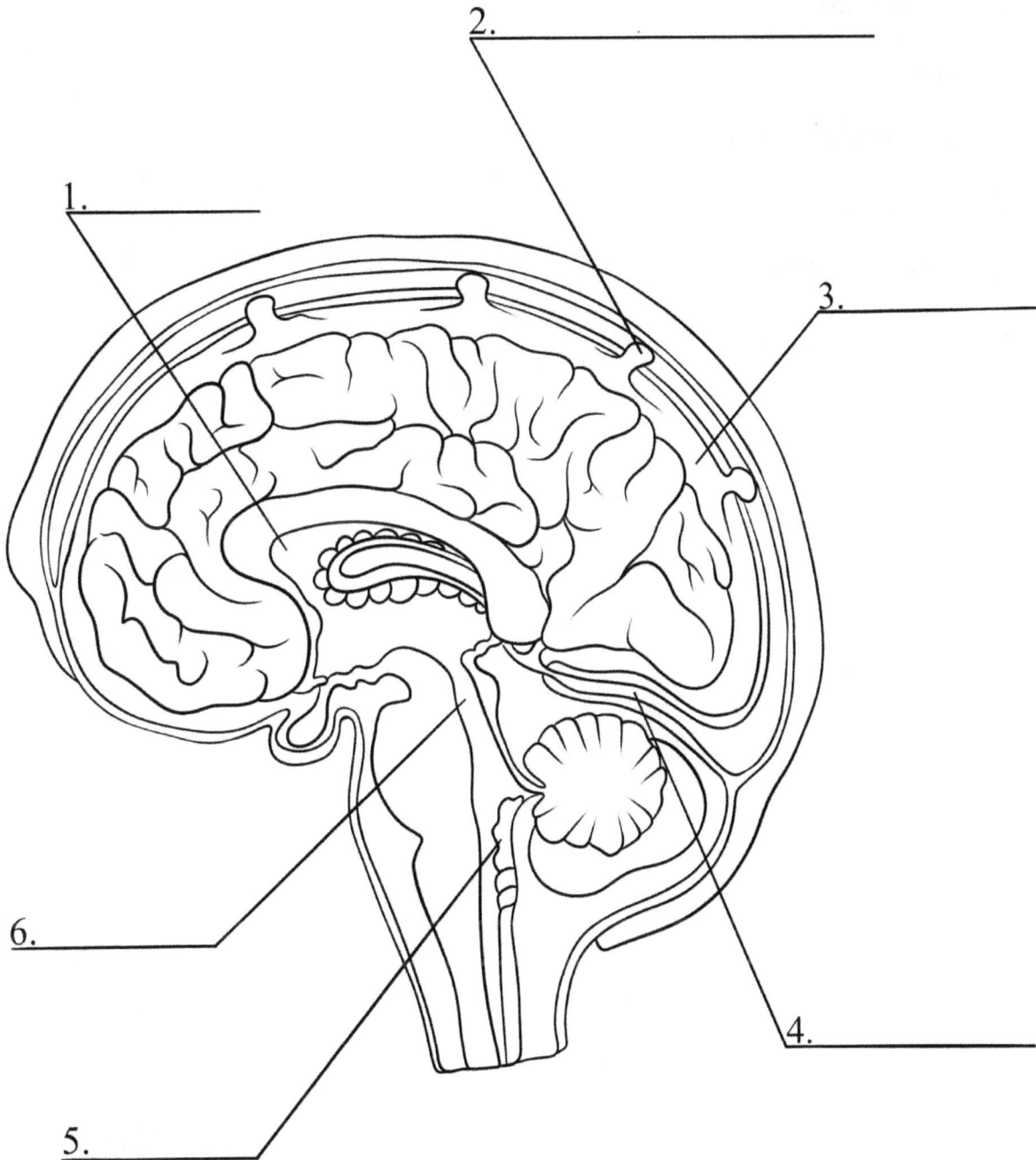

2. _____

1. _____

3. _____

6. _____

4. _____

5. _____

SCHUTZSTRUKTUREN DES GEHIRNS

1. Dritter Ventrikel

2. Arachnoidalzotten

3. Subarachnoidalraum

4. Gerader Sinus

5. Plexus choroideus

6. Zerebrales Aquädukt

MIDSAGITTAL VIEW

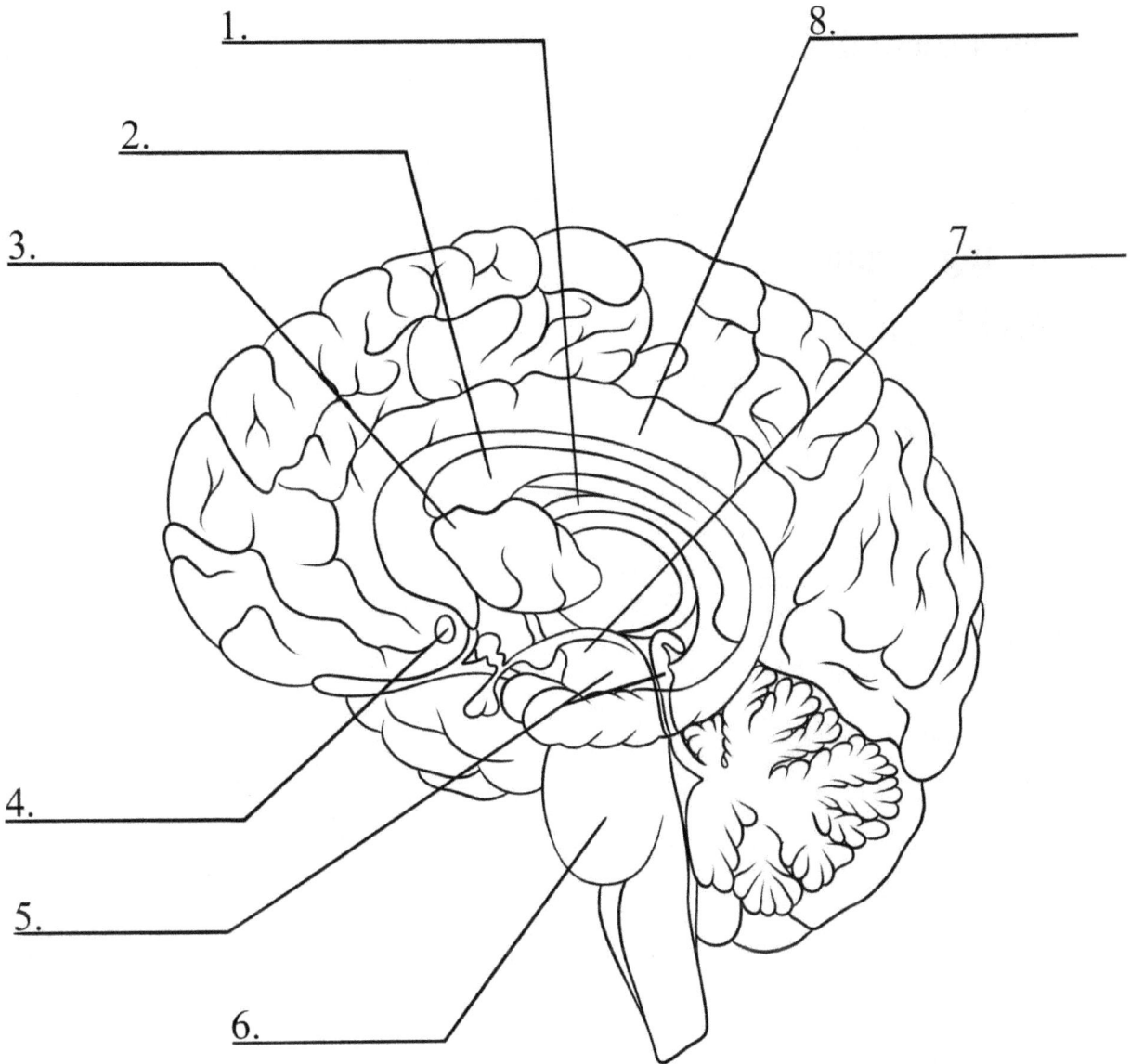

1. _____

2. _____

3. _____

4. _____

5. _____

6. _____

7. _____

8. _____

MIDSAGITTAL VIEW

1. Fornix
2. Caudate
3. Putamen
4. Nucleus accumbens
5. Mittelhirn
6. Pons
7. Ventra tegmentum
8. Kortex cingulieren

KRANIALNERVEN UNTEN ANSICHT

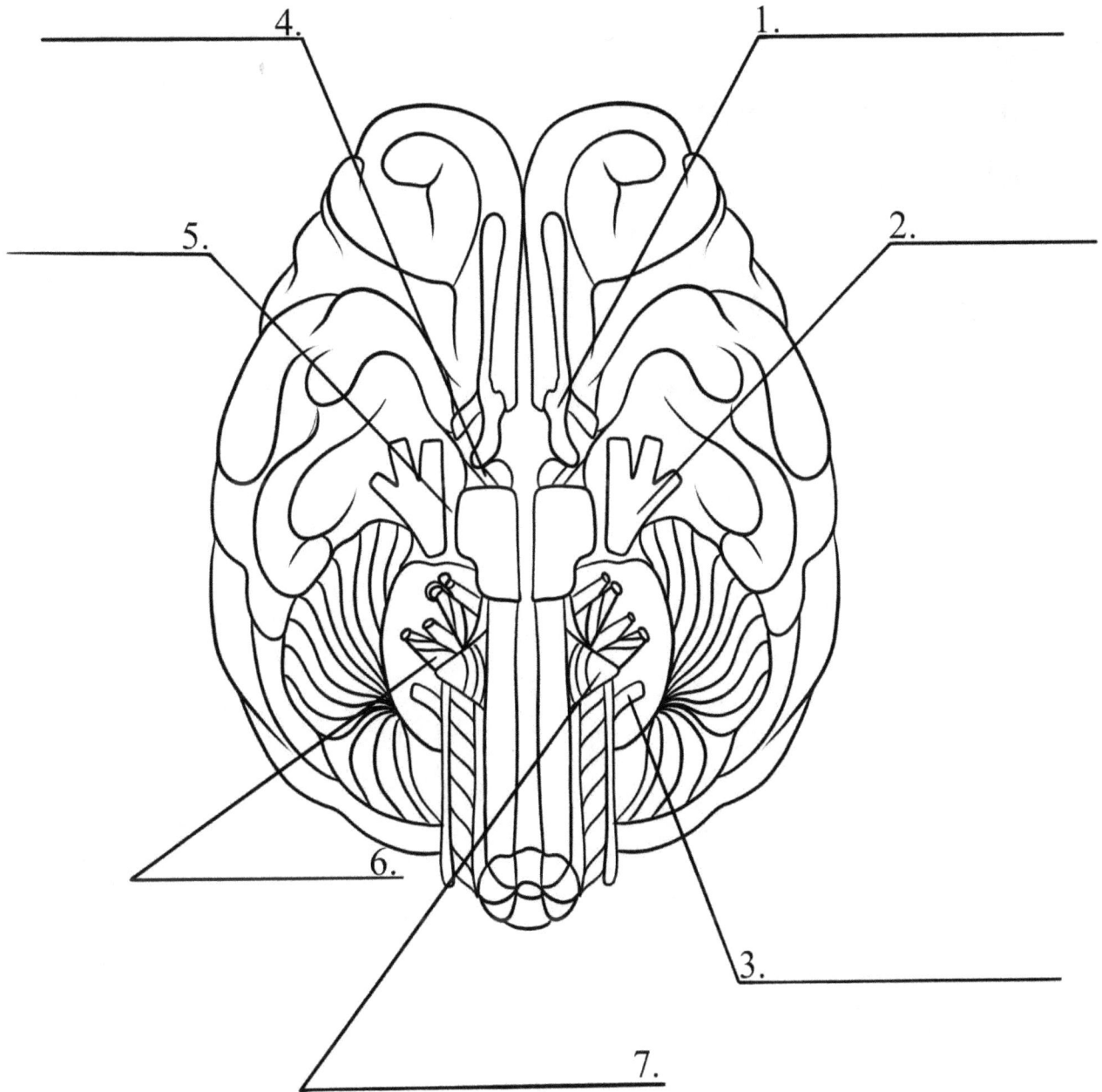

4. _____

1. _____

5. _____

2. _____

6. _____

3. _____

7. _____

KRANIALNERVEN UNTEN ANSICHT

1. Sehnerv

2. Trigeminusnerv

3. Nebennerv

4. Okulomotorischer Nerv

5. Trochlearnerv

6. Vagusnerv

7. Hypoglossaler Nerv

THALAMUS

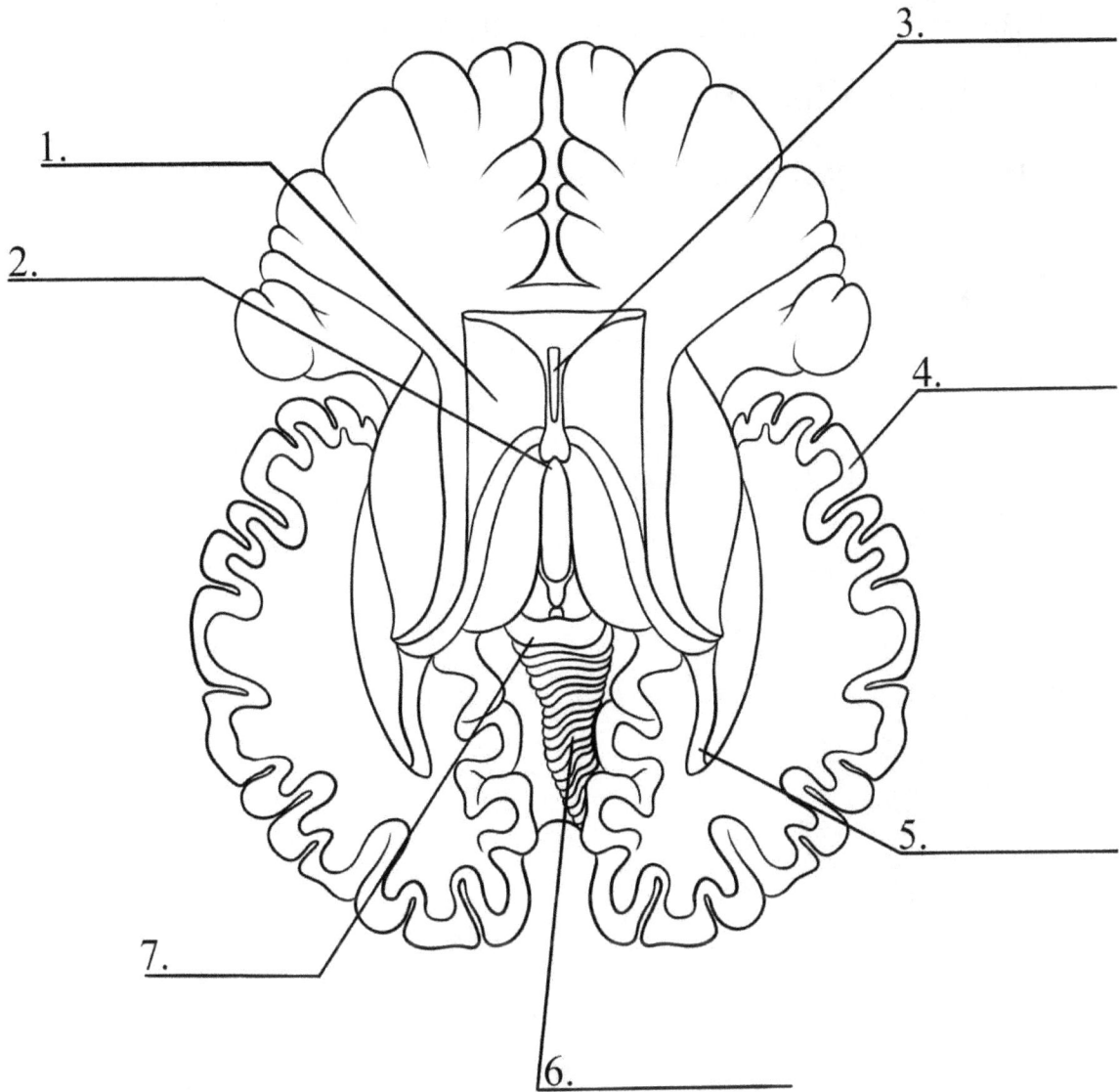

THALAMUS

1.   Kopf des Schwanzkerns
2.   Vordere Kommissur
3.   Hohlraum des Septum pellucidum
4.   Kortex des Temporallappens
5.   Hinteres Horn des lateralen Ventrikels
6.   Vermis des Kleinhirns
7.   Minderwertiger Coillculus

BLUTVERSORGUNG DER ZENTRALES NERVENSYSTEM

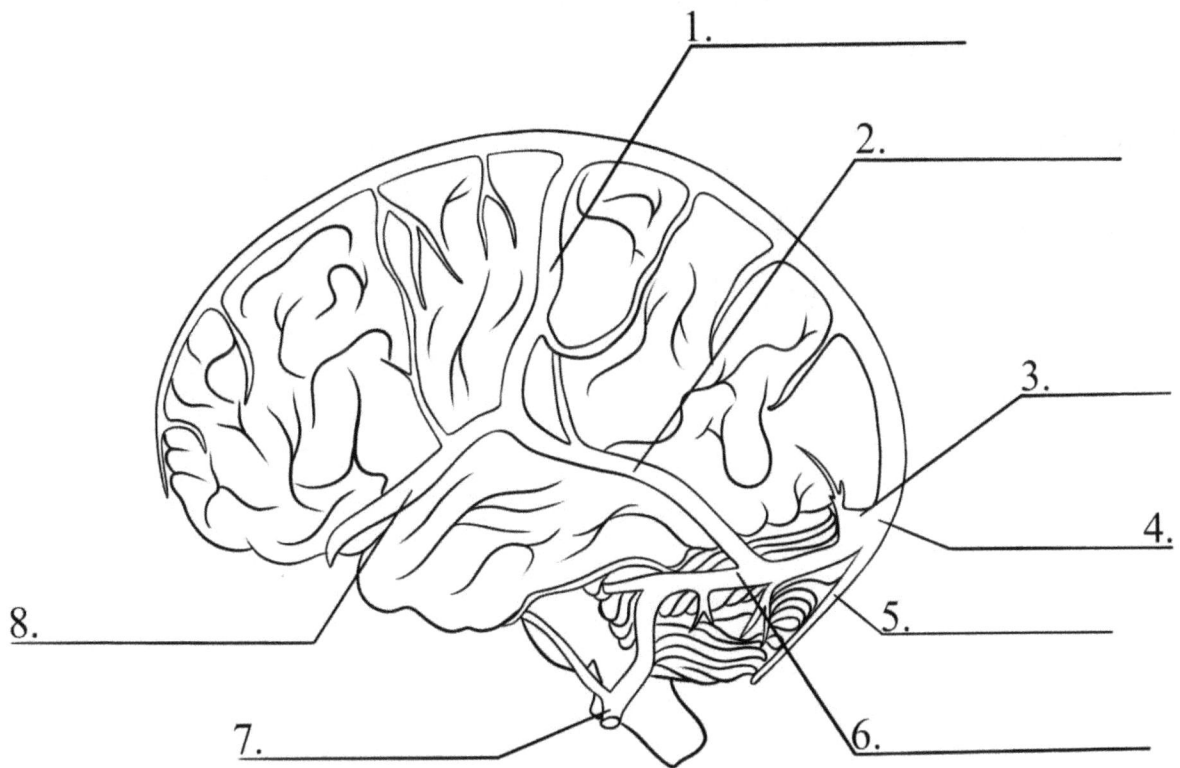

1.

2.

3.

4.

5.

6.

7.

8.

BLUTVERSORGUNG DER ZENTRALES NERVENSYSTEM

1. Obere Anastomosenvene von Troland
2. Minderwertige Anastomosenvene von Labbe
3. Gerader Sinus
4. Zusammenfluss der Nebenhöhlen
5. Sinus occipitalis
6. Quersinus
7. Vena jugularis interna
8. Oberflächliche mittlere Hirnvene

BLUTVERSORGUNG DER ZENTRALES NERVENSYSTEM

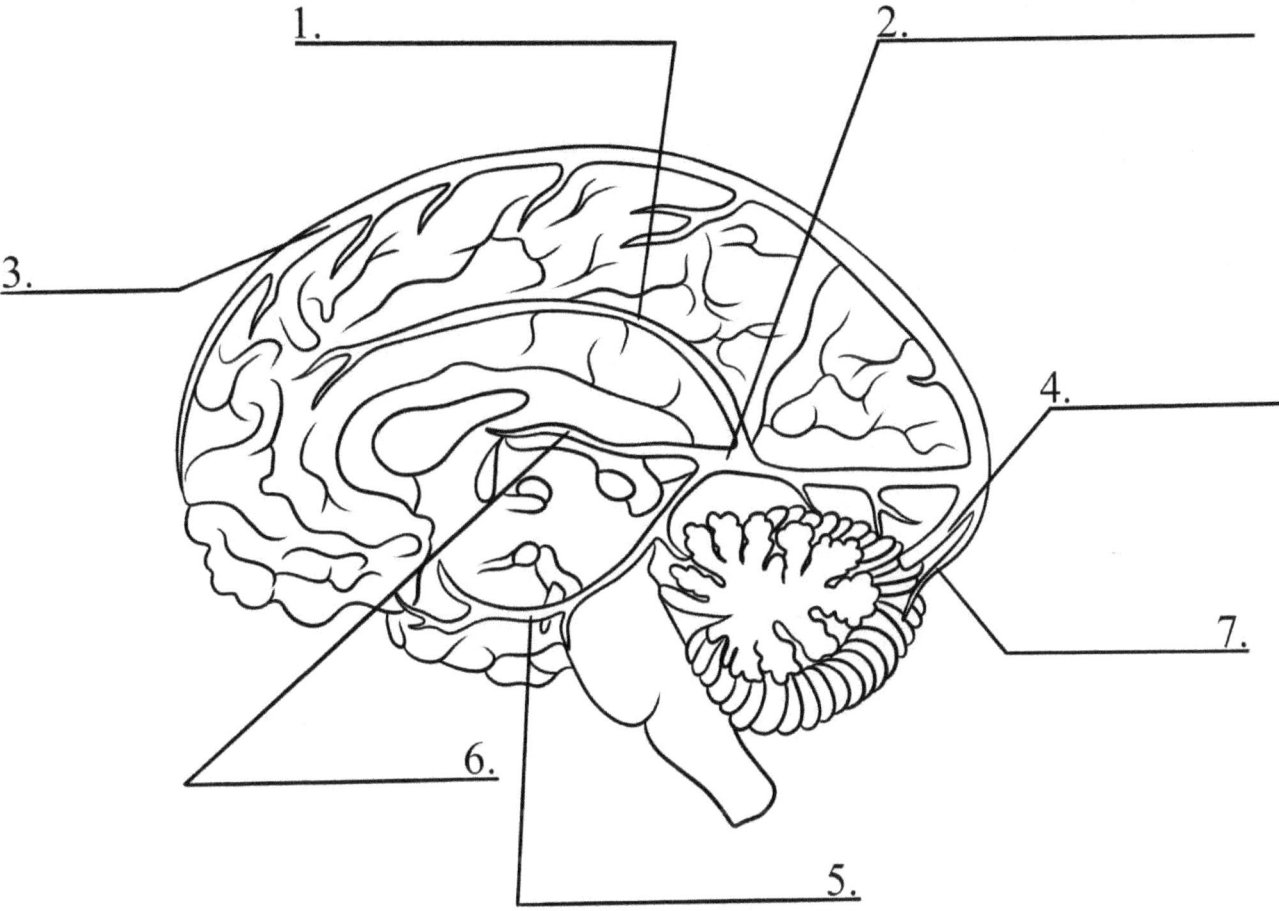

1.

2.

3.

4.

7.

6.

5.

BLUTVERSORGUNG DER ZENTRALES NERVENSYSTEM

1. Minderwertige Anastomose

2. Große Ader von Galen

3. Oberer Sagittalsinus

4. Sinus transversum

5. Basalvene von Rosenthal

6. Innere Hirnvene

7. Sinus okzipitalis

VERTEILUNG DES BLUTGEFÄSSES

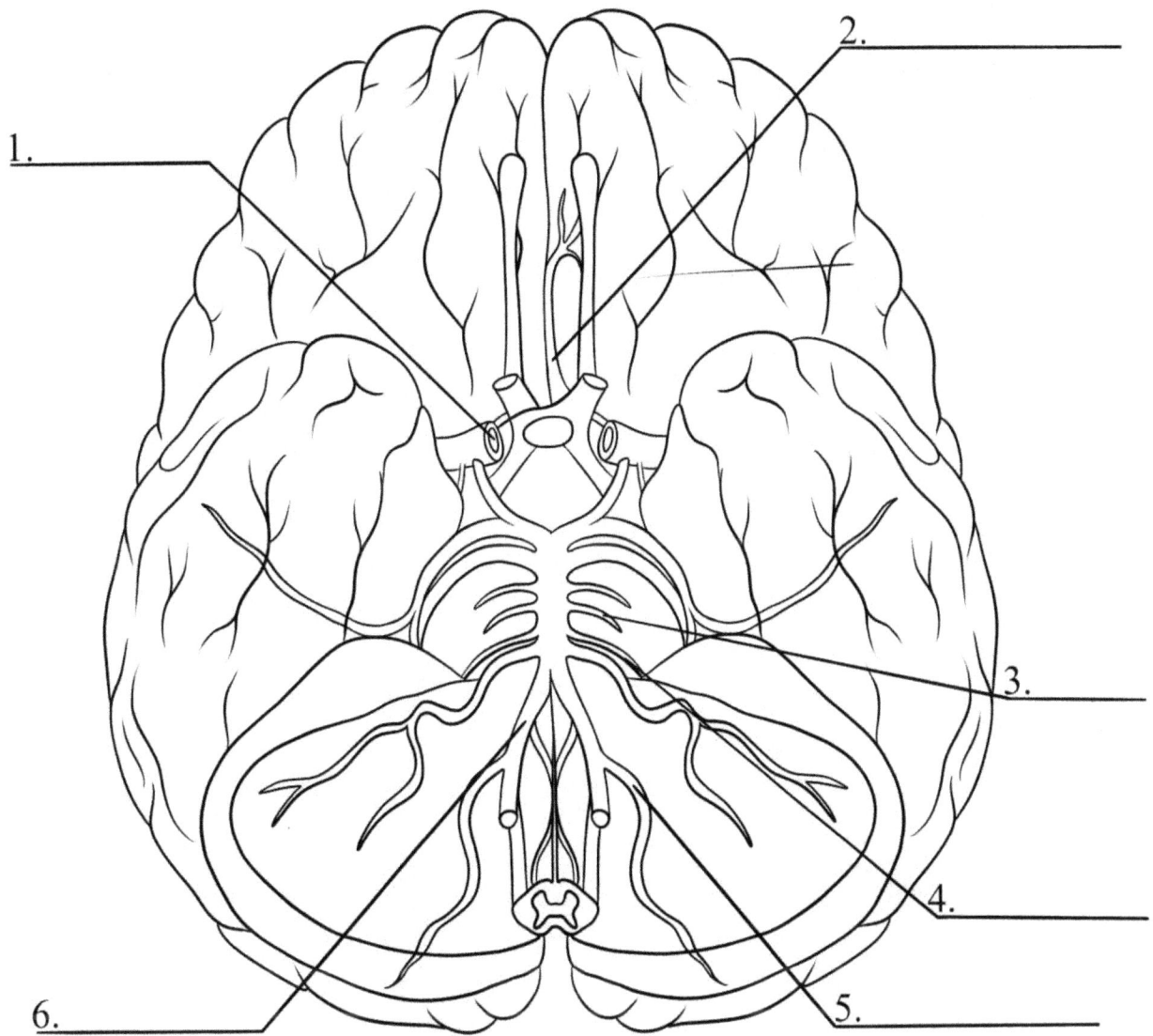

1.

2.

3.

4.

5.

6.

VERTEILUNG DES BLUTGEFÄSSES

1. Innere Karotis

2. Vorderes Gehirn

3. Pontine

4. Labyrinth

5. Hinteres unteres Kleinhirn

6. Wirbel

GEHIRNHÄLFTEN

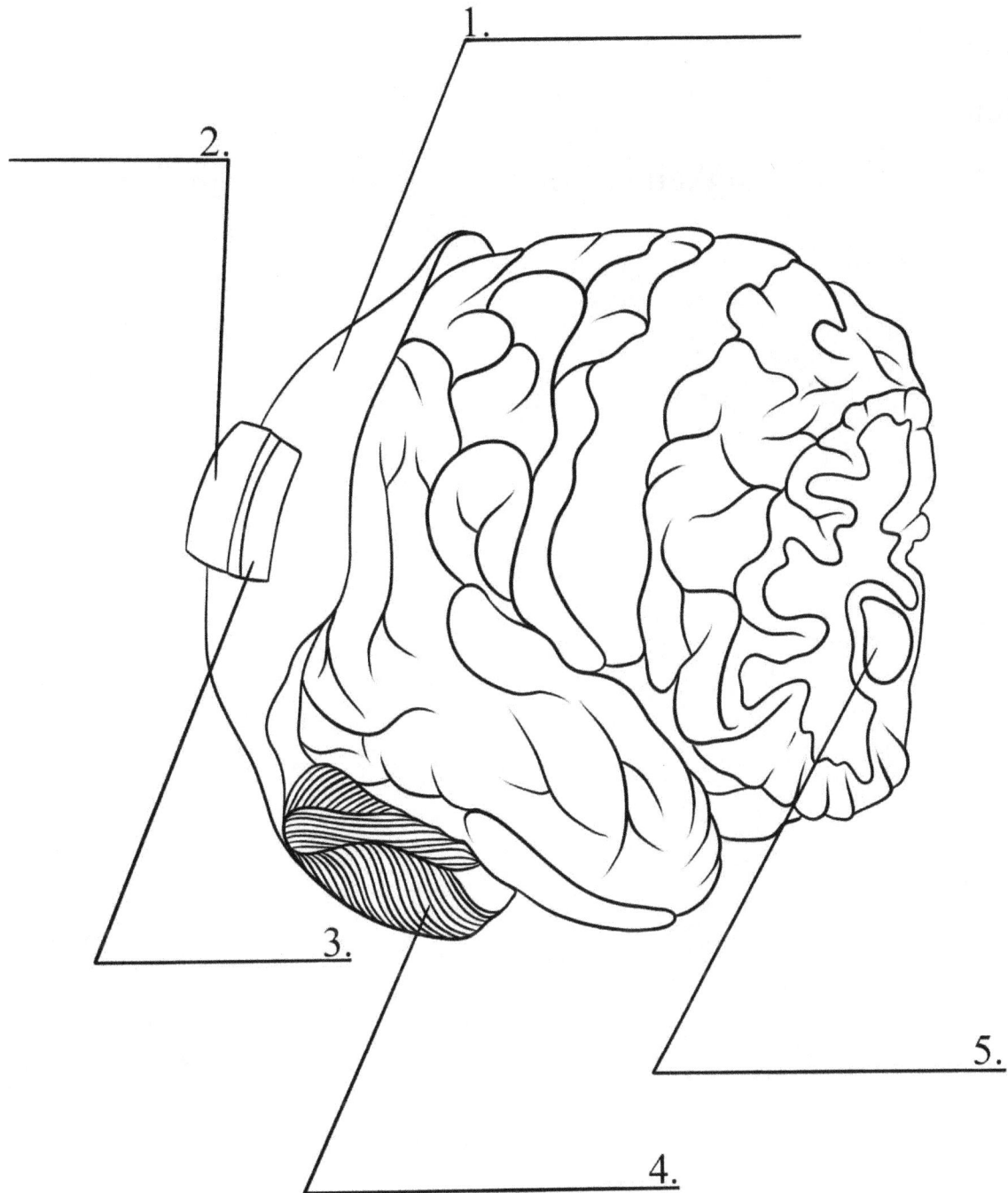

1.

2.

3.

4.

5.

GEHIRNHÄLFTEN

1. Dura mater

2. Kopfhaut

3. Schädel

4. Kleinhirn

5. Cerebrospinalflüssigkeit zirkuliert in den Ventrikeln

ZIRKULATION VON LIQUOR CEREBROSPINALIS

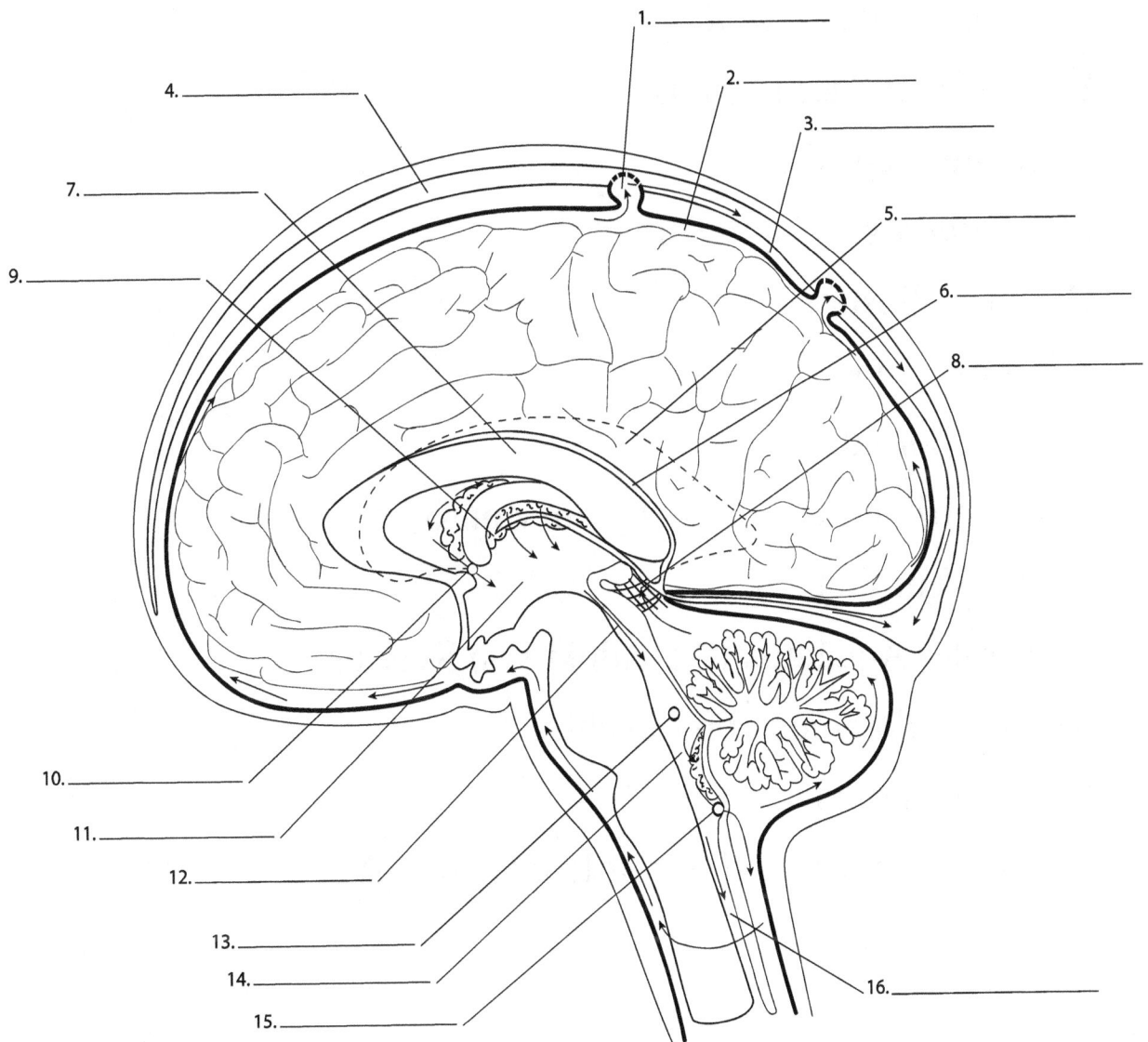

1. _____

2. _____

3. _____

4. _____

5. _____

6. _____

7. _____

8. _____

9. _____

10. _____

11. _____

12. _____

13. _____

14. _____

15. _____

16. _____

ZIRKULATION VON LIQUOR CEREBROSPINALIS

1. Arachnoidalgranulationen

2. Subarachnoidalraum

3. Meningeale Dura Mater

4. Überlegener Sagittalsinus

5. Seitlicher Ventrikel

6. Minderwertiger Sagittalsinus

7. Corpus callosum

8. Sinus cavernosus

9. Plexus choroideus

10. Interventrikuläres Foramen von Monro

11. Dritter Ventrikel

12. Zerebrales Aquädukt (Aquädukt von Sylvius)

13. Seitliches Foramen von Luschka

14. Vierter Ventrikel

15. Foramen von Magendie (mittlere Öffnung)

16. Zentraler Kanal

VENTRIKEL DES GEHIRNS

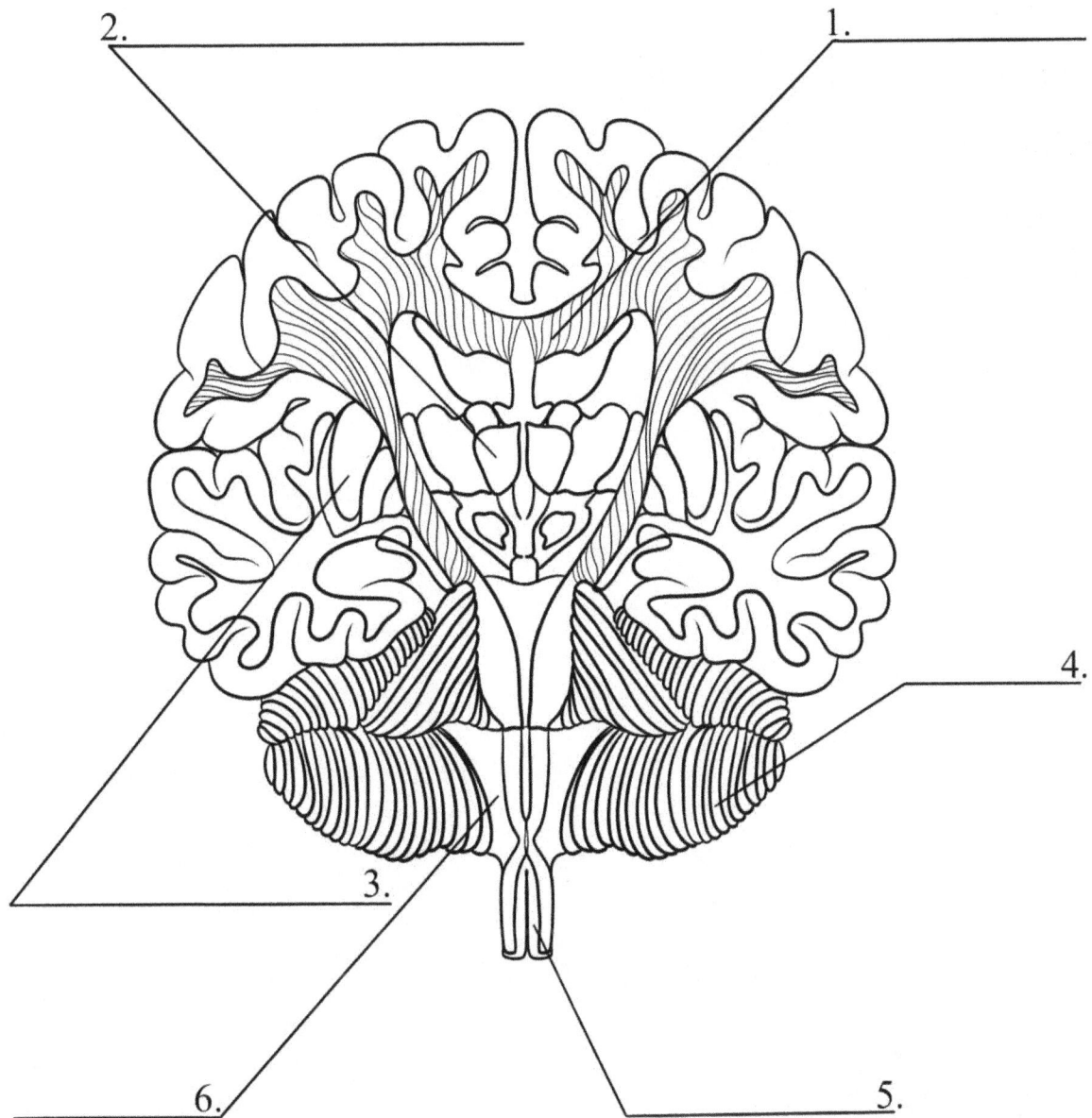

2. _____

1. _____

4. _____

3.

6. _____

5.

Ventrikel des Gehirns

1. Corpus

2. Thalamus

3. Putamen

4. Kleinhirn

5. Rückenmark

6. Medulla

VISUELLES SYSTEM

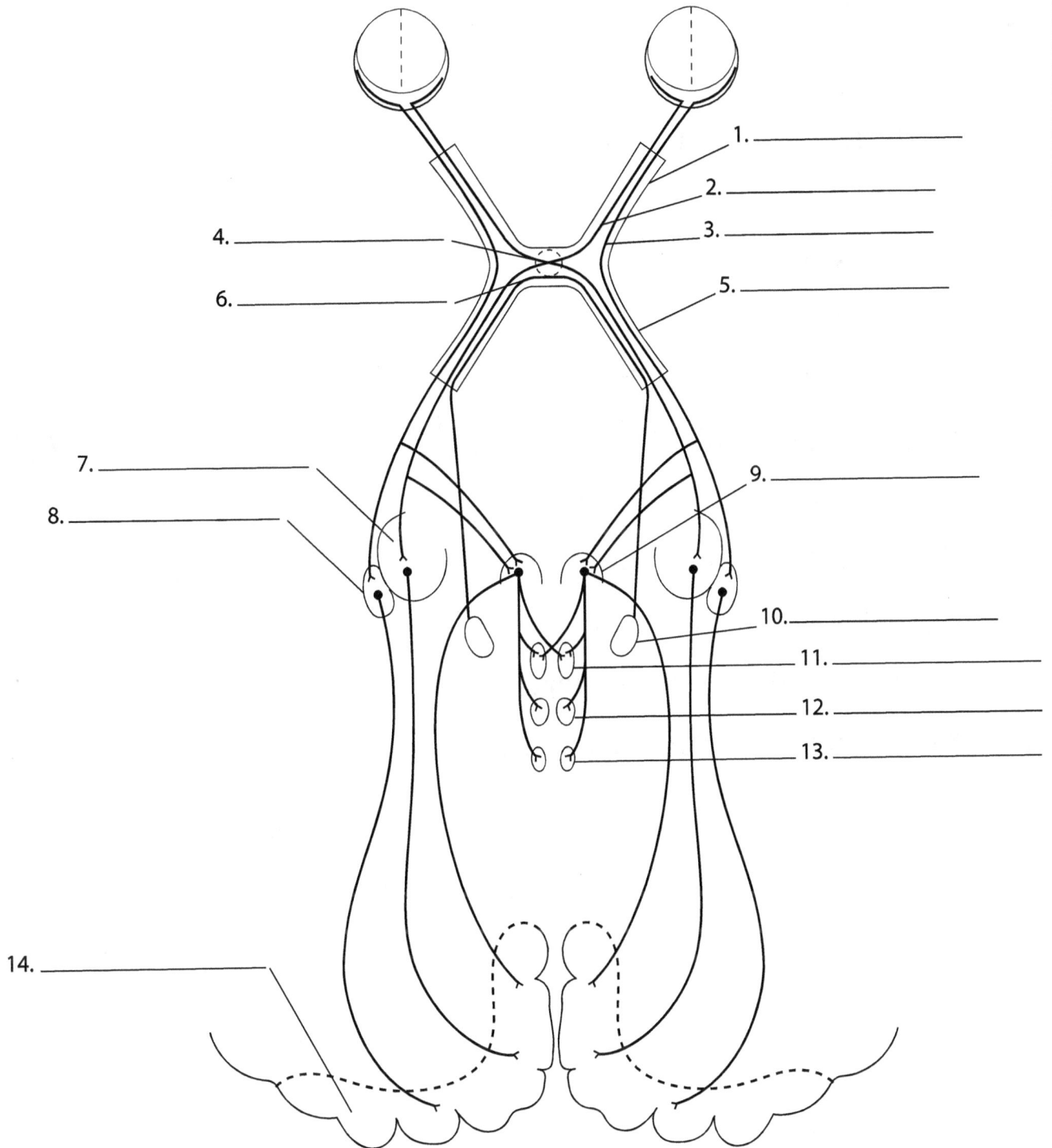

1. _____

2. _____

3. _____

4. _____

5. _____

6. _____

7. _____

8. _____

9. _____

10. _____

11. _____

12. _____

13. _____

14. _____

VISUELLES SYSTEM

1. Sehnerv
2. Fasern kreuzen
3. Fasern nicht kreuzen
4. Optisches Chiasma
5. Optik
6. Kommissur von Guden
7. Pulvinar
8. Seitlicher Genikularkörper
9. Überlegener Kollikulus
10. Medialer Genikularkörper
11. Kern des N. oculomotorius
12. Kern des Trochlea-Nervs
13. Kern des abduzierenden Nervs
14. Kortex der Hinterhauptlappen

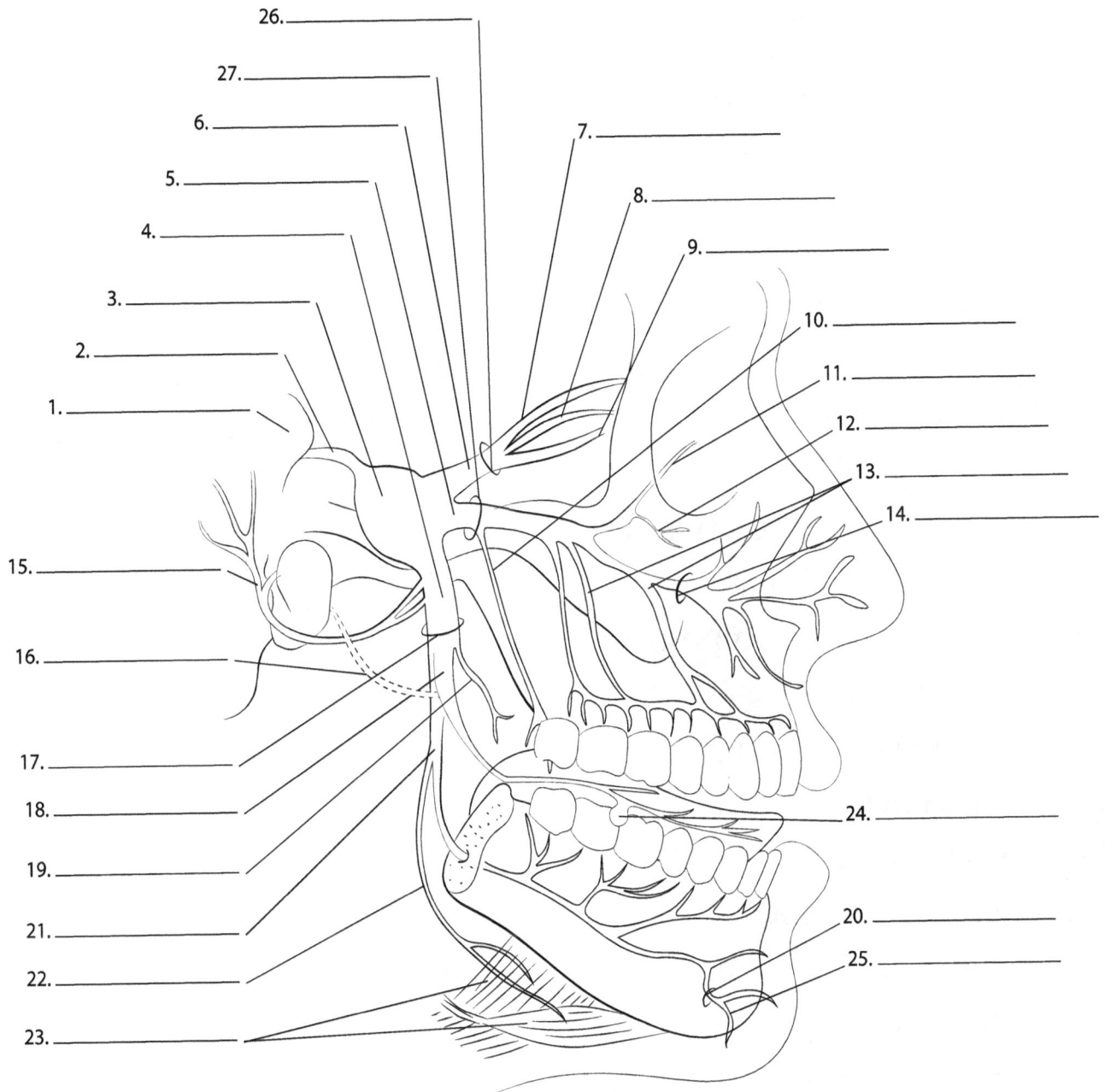

TRIGEMINUS

26. _____

27. _____

6. _____

5. _____

4. _____

3. _____

2. _____

1. _____

7. _____

8. _____

9. _____

10. _____

11. _____

12. _____

13. _____

14. _____

15. _____

16. _____

17. _____

18. _____

19. _____

21. _____

22. _____

23. _____

24. _____

20. _____

25. _____

TRIGEMINUS

1. Pons
2. Trigeminus
3. Trigeminusganglion (V)
4. Unterkieferteilung (V3)
5. Oberkieferabteilung (V2)
6. Ophtalmische Teilung (V1)
7. Gesichtsnerv
8. Tränennerv
9. Nasoziliarnerv
10. Nervi palatini (Hauptfächer und Nebenfächer)
11. Infraorbitalnerv
12. Zygomatischer Nerv
13. Überlegene Alveolarnerven
14. Infraorbitales Foramen
15. Nervus auriculotemporalis
16. Chorda tympani
17. Foramen ovale
18. Lingualnerv
19. Nervus buccalis
20. Mentales Foramen
21. Minderwertige Alveolarnerven
22. Nervus mylohyoideus
23. Mylohyoid-Muskel, vorderer Bauch des Digastric-Muskels
24. Submandibuläres Ganglion
25. Geistesnerv
26. Überlegene Augenhöhlenfissur
27. Foramen rotundum

GRUNDLEGENDE NEURONENTYPEN

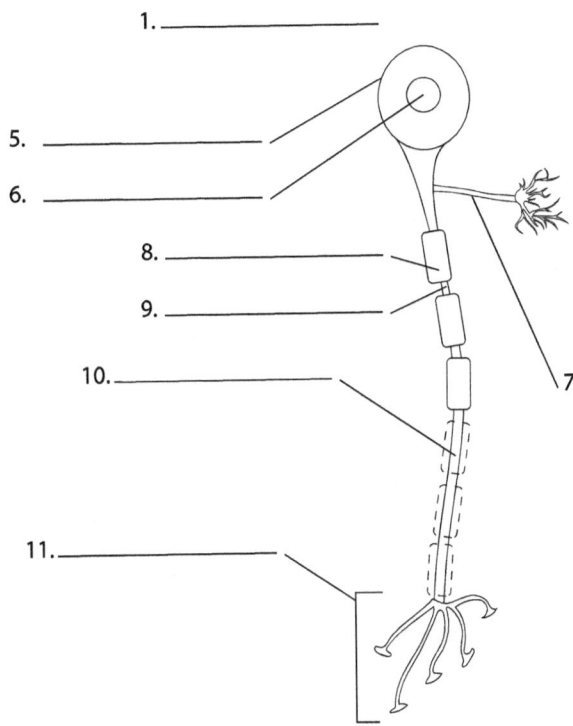

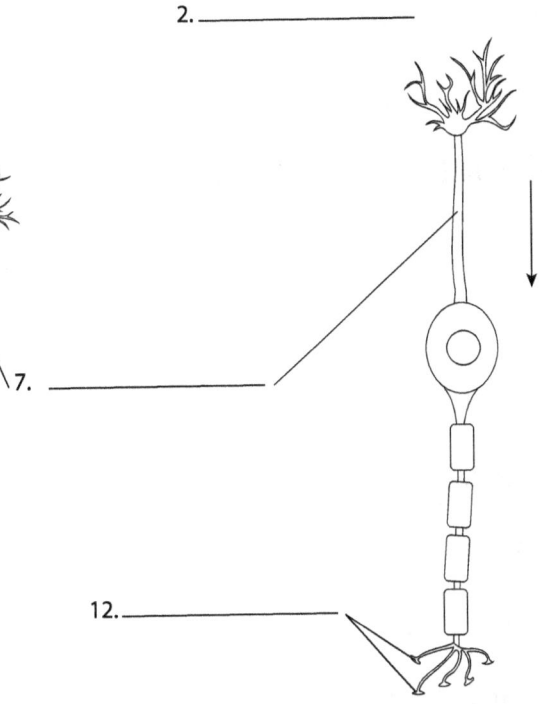

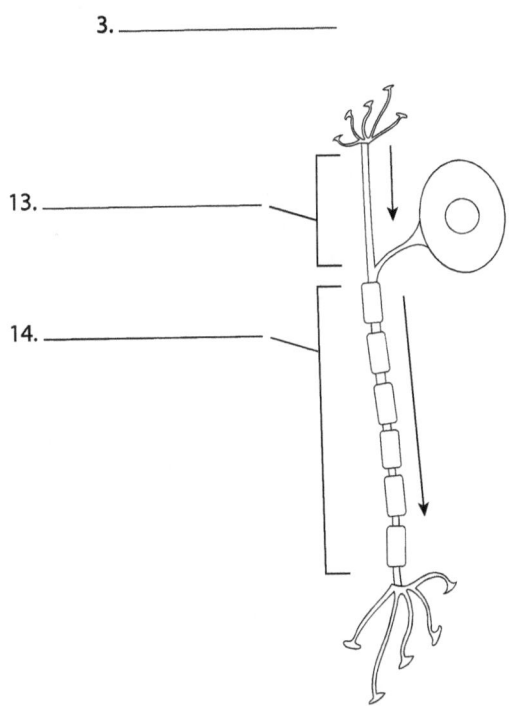

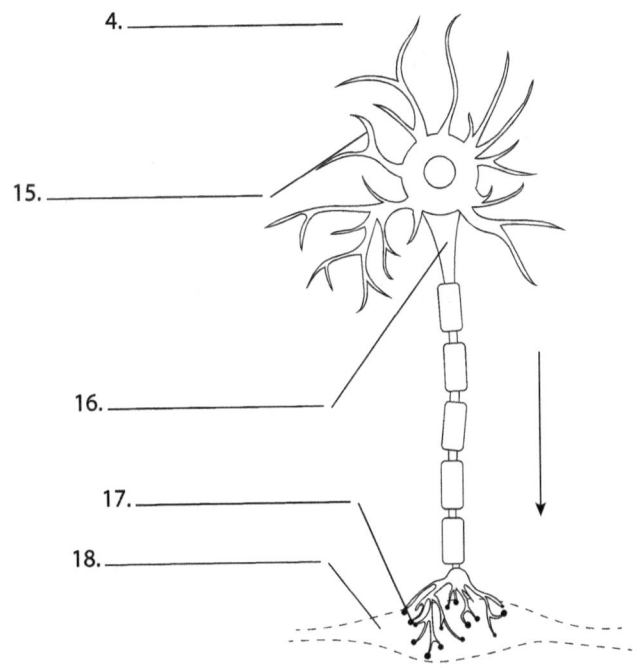

1. _____

5. _____

6. _____

8. _____

9. _____

10. _____

11. _____

7. _____

2. _____

12. _____

3. _____

13. _____

14. _____

4. _____

15. _____

16. _____

17. _____

18. _____

GRUNDLEGENDE NEURONENTYPEN

1. Unipolares Neuron
2. Bipolares Neuron
3. Pseudounipolares Neuron
4. Multipolares Neuron
5. Zellkörper
6. Kern
7. Dendrit
8. Myelinscheide
9. Knoten von Ranvier
10. Axon
11. Telodendrien (Axonterminals)
12. Terminal-Tasten
13. Peripheriezweig
14. Zentrale Niederlassung
15. Dendriten
16. Axon Hügel
17. Neuro-Muskel-Synapsen
18. Muskel

ANATOMIE DES RÜCKENMARKS

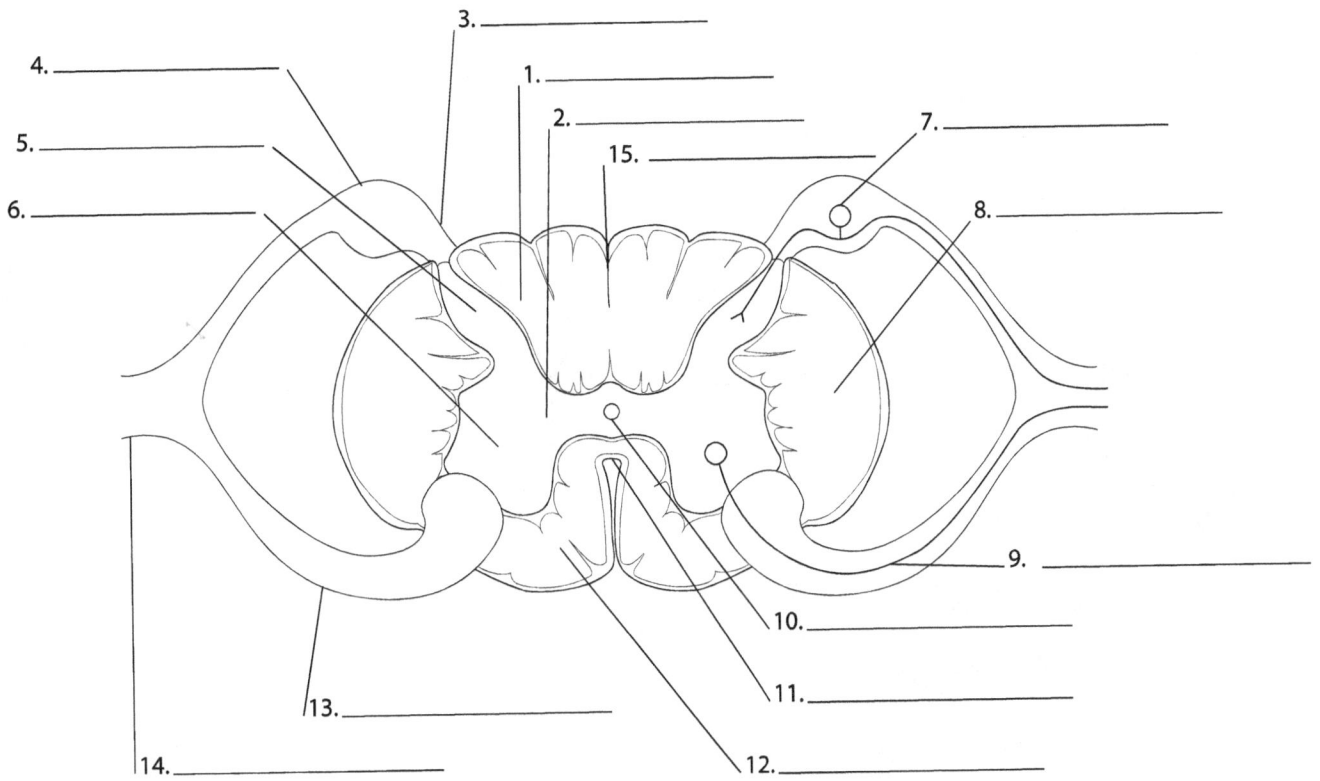

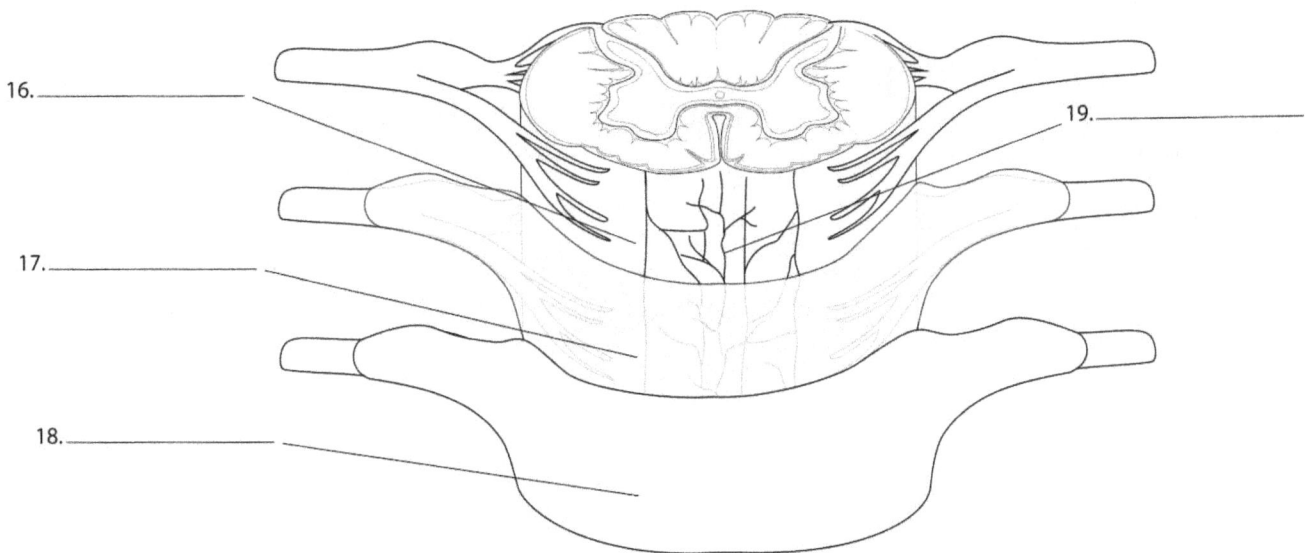

3. _____

4. _____

1. _____

5. _____

2. _____

7. _____

6. _____

15. _____

8. _____

9. _____

10. _____

11. _____

13. _____

14. _____

12. _____

16. _____

19. _____

17. _____

18. _____

ANATOMIE DES RÜCKENMARKS

1. Weiße Materie
2. Graue Mater
3. Rückenwurzel
4. Rückenwurzelganglion
5. Rückenhorn
6. Bauchhorn
7. Sensorisches Neuron Soma
8. Seitlicher Funiculus
9. Motoneuron
10. Zentraler Kanal
11. Vorderer Mittelspalt
12. Vorderer Funiculus
13. Ventralwurzel
14. Spinalnerv
15. Sulcus medianus posterior
16. Pia mater
17. Arachnoidea mater
18. Dura mater
19. Schiffe

RÜCKENMARKSTRAKTE

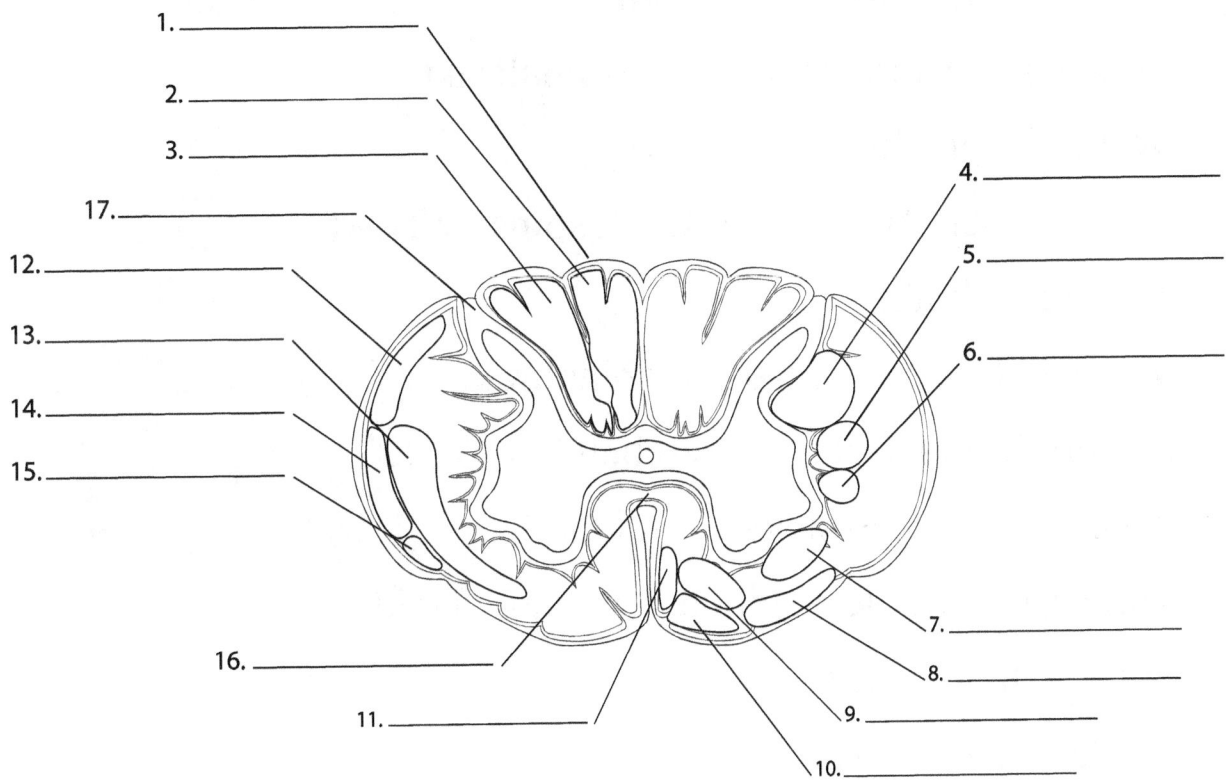

1. _____
2. _____
3. _____
17. _____
12. _____
13. _____
14. _____
15. _____
16. _____
11. _____

4. _____
5. _____
6. _____
7. _____
8. _____
9. _____
10. _____

RÜCKENMARKSTRAKTE

1. Hinteres (dorsales) Säulensystem

2. Gracile Fasciculus

3. Cuneate fasciculus

4. Seitlicher kortikospinaler (pyramidenförmiger) Trakt

5. Rubrospinaltrakt

6. Absteigende autonome Fasern

7. Medulärer (lateraler) Retikulospinaltrakt

8. Vestibulospinaltrakt

9. Pontinischer (medialer) retikulospinaler Trakt

10. Tektospinaltrakt

11. Vorderer (ventraler) Kortikospinaltrakt

12. Hinterer (dorsaler) spinocerebellärer Trakt

13. Anterolaterales System (5 Traktate)

14. Vorderer (ventraler) spinocerebellärer Trakt

15. Spino-Olivar-Trakt

16. Vordere Kommissur

17. Dorsolateraler Fasciculus (Traktat von Lissauer)